書山有路勤為徑
學海無崖苦作舟

文經閣

書山有路勤為徑
學海無崖苦作舟

文經閣

Success began in sales

快速脫離囧境的業務指南

一切 成功 始於 銷售

銷售是「理念+行動+習慣」

政治人物懂得行銷，可以騙得選票施展政治手腳；
企業老闆懂行銷，可以開創公司遠景為股東謀福；
明星公眾人物懂行銷，可以金山銀山賺得滿坑滿谷；
業務人員懂行銷，可以締造業績為自己賺得財富；
個人懂行銷，可以找到自己的舞台，發揮一己之長。

鄭鴻◎著

政治人物懂得行銷，可以騙得選票施展政治手腳；
企業老闆懂行銷，可以開創公司遠景為股東謀福；
明星公眾人物懂行銷，可以金山銀山賺得滿坑滿谷；
業務人員懂行銷，可以締造業績為自己賺得財富；
個人懂行銷，可以找到自己的舞台，發揮一己之長。

目 contents 錄

目 contents 錄

目 contents 錄

目 contents 錄

第1章 客戶與公司都是我的上帝

我是推銷員，客戶和廣大消費者是我的上帝，我所就職的企業也是我的上帝，我是兩位上帝的忠誠僕人。

服務是成就一切的根本

推銷工作要滿足客戶需求，要以服務客戶為準則，無論到什麼情況下，都要牢記服務第一。

◎服務客戶是行動準則

大衛是紐約的一位成衣製造商，他給保險公司打電話說，自己的1萬美元保險立即停保，要求保險公司退款。如果這樣的話，這張保單只值5千美元。有好幾位業務員都跟大衛說，你現在這樣做很不划算。他們這樣想，這樣說，也是為客戶考慮，似乎並沒有什麼問題。但是大衛還是堅決要求退保：「不必囉嗦，把5千美元還給我就是啦！」

喬安——公司的業務高手之一正在跟該區的業務經理聊天，這時，一個業務員進來請經理簽支票，好支付給紐約的大衛。

經理簽了支票，搖著頭說：「這個紐約保戶，真是拿他沒辦法，既頑固又不講理。」

喬安問：「我很有興趣知道到底出了什麼事？」

「這位老兄，一定要把保單退掉，即使損失5千美元，也堅持要收回現金。」

喬安一聽，來了興趣，說：「我恰好明天要去紐約，順便幫你們送去這張支票如何？」

「那太感謝了，我們是求之不得的。但是，老兄，您這是在給自己找麻煩呀！他在電話裡口氣就好像要殺掉我才甘休似的，這個人好像恨極了保險業務員。只是給您一句忠告：不必浪費時間去說服他。」

喬安當即打電話給大衛，大衛要喬安把支票寄過去。但喬安堅持把支票親自送過去，大衛也就同意了。雙方談妥了見面的時間。

喬安的前腳剛踏進大衛的客廳，大衛就開口要支票。喬安說：「您能不能給我5分鐘的時間，咱們談一談？」大衛一聽就大聲說：「你們這些人都是這個樣子，談、談、談，不停地談。你知道我等這一筆錢，等得有多急嗎？我告訴你，我已經等了3個禮拜啦！現在還要耽擱我5分鐘！告訴你，我沒有時間跟你磨蹭。」

從這開始，大衛大罵以前所有聯繫過的業務員，連喬安也罵了進去。喬安仔細地聽著他的高聲辱罵，有時還附和他幾句。他這樣的態度，讓大衛倒感覺不好意思了，漸漸地，他停了下來。

在大衛口不擇言時，喬安已經知道，他肯定是遇到了什麼急事，急著用現金。因為，作為商人的大衛，不會不知道放棄保單意味著多大的損失，但他還這樣強烈地要求，必定有他的原因。

等大衛安靜下來的時候，喬安說：「大衛先生，我完全同意您的看法，實在抱歉，我們沒能給您提供最好的服務，敝公司實在應該在接到您的電話後24小時內，就把支票送來。現在我把支票帶來了，有一點我不得不說明，您在這時候停保，損失很大。這是您要的錢，請收下！」

大衛收下支票，說：「你說得不錯，我要退保，就是為了要拿到這5千美元，好周轉我的資金，你們公司就是不能爽快地把欠我的還我，哼！既然支票已經拿來了，現在你可以走了。」

喬安沒有走，他說出的一番話，讓賴特大吃一驚：

「您只要給我5分鐘的時間，我就告訴您如何不必退保，而且還能拿到5千美元。」

「別騙我！」大衛雖然不相信，但是還是忍不住想知道，「說吧，我看你還有什麼把戲。」

「如果您把保單做抵押向本公司借5千美元的話，只需要付出5%的利息，就能讓保單繼續有效。並且，在這種情況下，如果發生什麼意外的話，本公司仍然付5千美元賠償金給您。這樣您不但可以拿到救急的錢，還可以擁有您的保險。」

大衛一聽這個辦法，立即就對喬安說：「謝謝您，這是支票，麻煩您幫我辦理這個業務。」

就這樣，喬安挽救了1千0美元的保單。原因在於，他是抱著服務客戶的準則來處理這件事情的。一般的業務員，只是告訴大衛，「你放棄保單會遭受損失的」，大衛也知道這個，難道他錢多得要給保險公司送錢嗎？這個資訊是無用的資訊。而喬安的辦法是要找到大衛放棄保單的真正原因，然後想辦法幫他解決，這就是服務的精神。

半年以後，喬安又去拜訪大衛，大衛的財務危機已經過去。喬安為大衛詳細規劃了一下他的保險問題，贏得了大衛的認同，大衛欣然買下一張20萬美元的保單。

在隨後的半年裡，喬安又賣給大衛兩筆抵押保險以及一筆意外險。

又過了半年，大衛第二次從喬安那裡購買了一筆人壽大單。

而這一切，都是因為大衛的服務精神。

如果你給顧客提供長期優質的服務，你就永遠有忠實的顧客。為人服務才是根本。

◎時刻滿足顧客的需求

推銷中為人民服務就是要時刻滿足顧客的需求。

要想挖掘顧客對商品的需求，首先應當對顧客的需求種類進行一定的瞭解。

每個人都有需求，沒有需求的人不可能是活人。著名心理學家馬斯洛在潛心研究的基礎上，把人的需求分為五個等級。

生理需求是人類最原始、最基本的需求，包括饑、渴、性和其他生理機能的需求。在一切東西都沒有的情況下，很可能主要的動機是生理的需求。對於一個處於極端饑餓狀態的人來說，除了食物沒有別的興趣，就是做夢也夢見食物。

當人的生理需求得到滿足時，就會出現對安全的需求。這類需求包括生活得到保障、穩定、職業安全、勞動安全、希望未來有保障，等等。

愛與歸屬的需求也是一大需求。

這種需求是指，人人都希望夥伴之間、同事之間關係融洽或保持友誼與忠誠，希望得到愛情，人人都希望愛別人，也渴望被人愛。

別外還有尊重需求。

誰都不能容忍別人傷害自己的自尊，顧客也如此。推銷員要是一不留神，造成了對顧客自尊心的傷害，那就甭想顧客給推銷員好臉色，甭想推銷成功。

自我實現的需求是指實現個人的理想、抱負、發揮個人的能力到極限的需求。

人的需求是無限的，沒有止境的。我們購物時，總是需求時才購買它，否則，是不會掏腰包的。推銷員要想把商品推銷出去，所需做的一件事就是：喚起顧客對這種商品的需求。

你只要搭錯一次車，你就到不了目的地，在銷售過程中，你可能只說錯了一個字，你就無法銷售出你的產品。因而，你跟顧客講的每一句話都要經過深思熟慮。

滿足客戶需求是最好的服務，要做到為人民服務，就要從滿足客戶需求為己任。

◎提供更好的服務

各種推銷的區別並不僅僅在於產品本身，最大的成功取決於所提供的服務品質。推銷人員的薪水都來自那些滿意的客戶提供的多次重複合作和仲介介紹。事實上，如果你堅持為客戶提供優質的售後服務，從兩年以後起，你所有交易的80%都可能來自那些現有的客戶。否則，你就可能永遠也不能建立與客戶之間的牢固關係及良好信譽。那種不提供服務的推銷人員每向前走一步，可能就不得不往後退兩步。

從長遠看，那些不提供服務或服務差的推銷人員註定前景黯淡。他們必將飽受挫折與失望之苦，他們中的很多人不可避免地會為了養家餬口而從早到晚四處奔忙。就是這些推銷人員忽視了打牢基礎的重要性，他們發現自己每年都像剛出道的新手一樣疲於奔命、備受冷遇。所以，對顧客提供最好的、全力以赴的售後服務並不是可有可無的選擇；相反，這是推銷人員要生存下去的至關重要的選擇。

甘道夫是全美十大傑出業務員，歷史上第一位一年內銷售超過10億美元的壽險業務員，被稱為「世界上最偉大的保險業務員」。甘道夫在全美50個州共服務了超過一萬名客戶，從普通工人到億萬富豪，各個階層都有。

甘道夫說：「你對你的客戶服務愈周到，他們與你的合作關係就會愈長久。不管你推銷的是什麼，這個法則都不會改變。」

優質的服務可以排除顧客可能有的後悔感覺，大部分的顧客喜歡在買過東西後，得到正面的回應，以確定他們買了最正確的產品。

每當完成一筆交易，甘道夫總會寄上答謝卡給他的客戶，即使是最富有的客戶。甘道夫有許多成功、富有的客戶，他們擁有豪華汽車和別墅。他們什麼都不缺，然而，他們仍然喜歡收到這些卡片。大部分的客戶每年都會收到生日卡片，甘道夫總會在生意促成時，記住客戶的生日，然後在適當時機寄出一張卡片給他。

此外，每當客戶向他買保險一周年時，甘道夫就會親自登門拜訪。作為一名保險推銷人員，他會詳細記住客戶的資料，比如親戚尚在或已故、結婚或離婚、企業的經營狀況等等。此外，他還會寄給某位客戶可能對他有用的雜誌或報導。

在產品大同小異的情況下，為顧客提供更好的，與眾不同的服務，才是成功之本。

不斷改造自己，與時俱進

推銷是一個和人打交道的職業，首先要先得到別人的肯定，如此別人才可能肯定你的產品。話說白了，其實推銷工作就是在推銷你自己。

◎認識自己並要不斷改造自己

原一平在27歲時進入日本明治保險公司開始推銷的生涯。當時，他窮得連午餐都吃不起，並露宿公園。這位落魄的推銷員因一位老和尚的一席話而改變了一生。

有一天，他向一位老和尚推銷保險，原一平詳細地說明之後，老和尚平靜地說：「聽完你的介紹之後，絲毫沒有引起我投保的意願」。

老和尚注視原一平良久，接著說：「人與人之間，像這樣相對而坐的時候，一定要具備一種強烈吸引對方的魅力，如果你做不到這一點，將來就沒有什麼前途可言了」。

原一平啞口無言，冷汗直流。

老和尚又說：「年輕人，先努力改造自己吧！」

「改造自己？」

「是的，要改造自己首先必須認識自己，你知不知道自己是一個什麼樣的人呢？」

老和尚又說：「你在替別人考慮保險之前，必須先考慮自己，認識自己」。

「考慮自己？認識自己？」「是的，赤裸裸地注視自己，毫無保留地徹底反省，然後才能認識自己」。

老和尚的這一席話，就像當頭棒喝，一棒把原一平打醒了。他從此努力認識自己，大徹大悟，終成一代推銷大師。

認識自己，看起來簡單，其實相當困難。必須經由自我剖析與別人批評的過程之後，才能夠逐步認識自己。

「認識自己」乃是2400多年前希臘大哲學家蘇格拉底的一句名言。這句包含了無窮的真理，假如我們能領悟這句話的真諦，並且好好實踐，一生必將受益無窮。

我們拜讀世界上各行各業成功人士的傳記之後會發現，成功的要訣在於有自知之明，也就是經由認識自己，找到自我之後，不斷改造自己，才能逐步走向成功之路。

認識自我還要求我們要不斷的自我剖析，永遠注視自己。

人是一種有盲點的動物，往往只看見別人的過失，卻看不見自己的錯誤。有一個學生問老師：「您在我的作文本上所批的字，學生實在看不出寫的是什麼？請老師明示。」老師說：「我是告訴你，你的字太潦草了，以後要寫端正」。老師只看見學生的過失，沒想到自己也犯了同樣的錯誤。基於此，他人的批評就也顯得非常必要與珍貴。

借助別人的眼睛我們能更清楚地認識到自己的缺點和不足。

◎職業道德與專業並在

作為一個優秀的推銷員，在商品經濟愈加完善的今天，必須具有很強的職業道德規範意識，它不但是企業形象的制約因素，也是推銷員自我管理中應特別注意的事。不要說成為優秀的推銷員了，就是只把目標集中於做好自己的本職工作的一般推銷員，也應該具備基本的職業道德規範。

一個打柴人把斧頭掉進了河裡，他坐在河邊傷心地哭起來。財神便跳進水中幫他打撈，很快拿出了一把金斧頭，工人卻搖頭說：「這不是我的。」財神又拿出一把銀斧頭來，工人還是搖頭。最後，他拿出一把鐵斧頭，工人說：「這才是我失去的斧頭。」財神就把金斧頭和銀斧頭一起送給了他。

一個貪心的傢伙知道了，他故意把斧頭扔進河裡。很快，財神拿出一把金斧頭來，沒等財神問他，他馬上說：「這就是我丟失的那一把。」財神恨他不誠實，便與金斧頭一起消失了。貪心人最終連自己的斧頭也找不到了。

沒有誠實，哪裡來金斧頭？甚至連自己的老本也會賠上。誠實是一個社會的話題，誠實賦予一個人公平處世的品格，使人生誠實可靠，使靈魂之間不會彼此利用、互相欺騙。

推銷員的基本道德規範都有哪些呢？

1. 以最好的外觀呈現產品，不能夠作出對自己、公司或產品不正當的陳述。

2. 約會準時。你準時赴約200次才能樹立起來一個誠信，而它卻可能因為一次失約轟然崩塌。

3. 誠實告知。如果潛在客戶對產品或服務的應用或者理解不對，優秀推銷員應當及早告知，而不是利用潛在客戶的不理解促成交易。

4. 懂得負責善後。如果潛在客戶確實買了用途不對的產品的話，推銷員不要把黃金銷售時間浪費在更正上，而更應該懂得如何善後。

5. 當發生你能力所控制的範圍之外的情況時，立即通知客戶。如果你坦白，你的客戶也可能會通情達理，會有耐心。

6. 千萬不要提供回扣給客戶的決策者以換取定單。作為一個優秀的推銷員，首先應該是一個守法的人。

7. 不貶抑競爭對手。因為這樣做的話可能會招致相反效果。

◎推銷也是推銷你個人的工作

著名的「改革闖將」蘇州電扇總廠銷售部經理潘仁林總結出一條銷售準則是「推銷產品，更是在推銷你的人品。優秀的產品只有在具備優秀人品的推銷員手中，才能贏得長遠的市場」。

向顧客推銷你的人品，就是推銷員要按照社會道德規範和價值觀念行事，要表現出良好品德：熱情、勤奮、自信、毅力、同情心、善意、謙虛、自尊、自信、誠意、樂於助人、尊老愛幼……

著名的推銷員喬·吉拉德是以推銷汽車為職業的，他認為，推銷的要點不是在推銷商品，而是在推銷自己。

當你在與顧客打交道時，你要記住，你首先是個人，之後才是推銷員。一個人的優劣會讓其他人產生不同的感情。

時刻完善自我，在推銷產品時首先推銷你自己，只有顧客對你充分認可了，你的推銷才可能成功。

承擔責任是強者

工作意味著責任，責任所在，必須勇於承擔。客戶利益受到損害時要賠償客戶的損失。

◎要工作就有責任

沒有責任感的推銷員不是一個優秀的推銷員。就算你是一個最普通的推銷員，也要勇於承擔責任，只要你擔當起了責任，你就個備了成為一個優秀推銷員的基本條件。

曾經有一位商人給一位薩克拉門托的商人發電報，報出貨物價格：「一萬噸大麥，每噸400美元。價格高不高？買不買？」

薩克拉門托商人覺得價格太高，不想要貨物，可是他在回復電報裡卻漏了一個句號，寫成「不太高」，結果變成要買這批大麥，使自己損失了幾萬美元。

這只是一場簡單的交易，卻能看出這位薩克拉門托商人的不負責。同樣，對於公司員工來說，只要在工作中有那麼一丁點不負責，馬虎大意，就有可能要在競爭越來越激烈的現代社會中釀成大錯，導致整個企業蒙受損失。

一個缺乏責任感的人，首先失去的就是社會對自己的基本認可，其次失去的是別人對自己的信任與尊重，這樣的人當然就難以得到重用。而那些能承擔責任的人，可能會被賦予更多的使命，有資格獲得更大的榮譽。

在很多人看來，自己只是企業裡一名普通員工，沒有什麼責任而言，只有那些管理層才要承擔工作上的責任，他們沒有意識到，其實，工作本身就是意味著職責和義務。

每一個普通員工都有義務、有責任履行自己的職責和義務，這種履行必須源自發自內心的責任感，而不是為了獲得什麼獎賞。工作不單單是賴以生存的手段，除了得到金錢和地位之外，要考慮到自己應盡的責任。

超市裡的一位員工對前來購物的顧客非常冷淡，不僅不主動為顧客提供說明和服務，有時還會衝著前來問詢的顧客發脾氣，這令顧客很不滿，但是他自己卻不以為然。一位零售業經理在超市視察時，剛好發現了他的所作所為。

經理看了，非常氣憤地訓斥了他：「你的責任就是為顧客服務，令顧客滿意，並讓顧客下次還到我們這裡來，但你的所作所為恰恰是在趕走我們的顧客。你這樣做，是在推卸責任，我們企業沒法再信任像你這樣的人，你可以走了！」

這位超市員工由於自己的不負責使自己失去工作，可以說是自作自受。自己的責任就應該主動承當，不能有任何忽視或者推卸。

記住美國前總統杜魯門的一句座右銘：「責任到此，不能再推」。在工作中難免要發生各種錯誤，問題發生後，不應當推卸自己的責任，或者為自己尋找藉口，即使再振振有辭，也是一件愚蠢的事，也不能掩飾一個人責任感的匱乏，因為本來老闆還可能打算對你進行培養和提拔，但是你害怕承擔責任、推卸責任的心態將使他很難重用你。

對自己的行為負責，對公司和老闆負責，對客戶負責，這才是老闆最喜歡的員工，也只有這樣的員工才能贏得很好的發展機會。

◎承擔責任沒有藉口

一天，一位推銷日常用品的推銷員走進一家小商店裡，看到主人正忙著打掃、整理架面。他熱情地向店主介紹和展示自己公司的產品，然而店主卻默默地望著他，對於他的舉動毫無反應。

對此，推銷員毫不氣餒，他又主動地拿出自己所有的樣品向店主推銷。他認為，憑著自己的熱情、執著以及完美的推銷技巧，店主一定會被他說服而最終向他購買產品的。但是，令人出乎意料的是，那店主卻憤怒萬分，用掃帚將他趕出了店門。

莫名其妙的推銷員被店主的恨意震驚了，他決心要查出這個人如此恨他的原因。於是，他利用休閒的時間去其他推銷員那裡瞭解情況，終於他清楚那個店主對他如此不滿的理由了。

原來，由於他前任推銷員工作上的失誤，使這個店主積壓了大批的存貨，部分的資金無法周轉，店主對公司商品的銷售信心也因此受到動搖。雖然這件事和他並沒有關係，但他認為作為公司的一分子，他有義務解決他前任推銷員所遺留下來的問題，更有責任透過自己的努力來挽回公司在信譽方面的損失。

於是，他疏通了各種管道，重新做了安排和部署，並利用自己的人際關係請一位較大的客戶以成本價買下了店主的存貨，使店主倉庫的積壓得以舒緩。其結果當然是不言而喻，他因此受到了店主的信任與熱烈歡迎。這個推銷員用自己的責任心幫助公司重新贏得客戶的信任，同時也為自己的推銷工作在堅冰中尋找到了新的途徑。

一名員工，應該牢記自己的使命，盡職盡責地履行義務，面對責任要勇於擔當，這是你的工作，責任所在，義不容辭！

「這是你的工作，責任所在，義不容辭！」每一位員工都應牢牢記住這句話。

對那些在工作中推三阻四，老是尋找藉口為自己開脫的人；對那些缺乏工作激情，總是推卸責任，不知道自我批評的人；對那些不能按期完成工作任務的人；對那些總是挑肥揀瘦，對公司、對工作不滿意的人，最好的救治良藥就是大聲而堅定地告訴他：

這是你的工作，責任所在，義不容辭！

選擇了這份工作，你就必須接受它的全部，擔負起天經地義的責任，而不是僅僅享受它給你帶來的益處和快樂。

責任所在，義不容辭！意識到這一點，努力在工作中做到這一點，以它為動力去戰勝困難、去完成任務，那麼你就是公司真正放心的員工。

◎責任要求我們敢於承認自己的錯誤

美國總統羅斯福於1912年到紐澤西州的一個鎮上參加集會，向文化層次較低的鄉下人發表一篇演講。

當他在這篇演講中提到女子也應該踴躍參加選舉時，聽眾中忽然有人大聲喊道：「先生！這句話和你五年前的意見不是大相徑庭了嗎？」

羅斯福對比並沒有迴避和掩飾，而是聰明地回答：「可不是嗎？五年前，我確實是另外一種主張，但現在已經深悟到自己當年的主張是不對的！」

錯誤永遠是不可避免的，如果說成功是人生最理想的朋友，那麼錯誤則是人生永遠拋棄不掉的夥伴。犯了錯誤並不要緊，可怕的是犯了錯誤卻不承認而是加以掩飾以推卸責任。在錯誤面前詭辯的人，就等於重新犯了一次錯誤，甚至比犯錯誤更危險，因為錯誤已經在其頭腦中紮下根，這將會造成更多的錯誤，讓其一直錯下去。

羅斯福及時勇敢地承認自己錯誤，以這種坦白、忠實、誠懇、親切的回答使聽眾得到了滿意的答覆，也為自己贏得了掌聲。看來，及時承認並糾正自己的錯誤是非常重要的，歷史上的大人物為我們做了榜樣。

羅斯福心裡很清楚，每個人都會犯錯誤，當別人犯錯誤時，我們總是希望他們能夠承認並且加以改正，可是當這種錯誤發生在自己身上的時候，很多人都採取迴避的態度，可能為的是保全顏面，或者已經了形成了習慣。從這點上看，羅斯福是個勇於面對錯誤的人。

人們有時候很難分清自己是不是為了掩飾錯誤才堅持己見，所以當你準備堅持任何事情或做法時，最好先仔細想想，你的堅持是否是因為你確實有毫無瑕疵的理由？還是因為你只是為了掩飾錯誤保全面子而已？

如果你發覺你有保全面子的因素在裡面，那麼你就是在犯最大的錯誤，請你及早拋棄你錯誤的堅持，因為由於這種堅持而採取的行動只能使你處於最容易受到攻擊的地位，採取被動的守勢。

作為員工，如果你錯了而沒有完成任務，請不要辯解，因為辯解已經沒有意義，你需要先說的是：「對不起，我錯了！」這樣直接主動地承擔責任，或許會讓你承受經濟上的損失，但對你的成長是有益的，只有這樣，才能使你從錯誤中醒悟過來，認真反省自己，糾正錯誤，才會以全新的姿態走向成功。

敬業的人最可敬

敬業才會出類拔萃，敬業是推銷員成為優秀推銷員的必備品質，把職業當作你生命的信仰，把敬業當成習慣。

◎敬業的推銷員出類拔萃。

妮葇是一家培訓諮詢公司的電話行銷推銷員，有一天晚上11時後，他接到一個電話。

這個時候，他已經工作一天了，又睏又累。一般的人，在這個時候心情都會有些煩躁，他也一樣。他心裡想著，趕快結束工作，馬上休息。

電話就是在這個時候打來的。

打電話來的是一位女士。妮葇當時問她，這麼晚了打電話有什麼事，不能等到明天嗎？

她說，不行，因為她看了我們在報紙上刊登的廣告，特別感動，所以不能等到明天。

接著，她馬上念了一段報紙上的廣告詞。

聽到這段廣告詞，妮菜的神經像觸了電一樣，一下子來了精神。然後仔細地、耐心地聽她講述自己的感受，講述自己的經歷。

這一講，就是一個多小時。他努力地克制著自己的困倦和勞累，盡力熱情地與她相呼應，並認真回答她提出的每一個問題。從她的聲音中，妮菜感覺到，她非常滿意。

放下電話，妮菜看一下錶，已經凌晨1時多了。

第二天根本不用我談什麼了，她和她的朋友都報名參加了培訓課程。

就是這位在半夜11時後打電話的女士，在以後的日子裡，先後介紹了79位學員報名參加了公司的培訓課程。

研究成功者身上的特質，我們會發現，他們有一個最大的特點就是敬業。他們身上都有一種極強的敬業精神，而且，他們的敬業精神在人生的方方面面都表現出來，打電話也不例外。只要拿起電話聽筒，無論通話的對方是誰都無關緊要，他們一定會認真對待，絕不會隨隨便便，敷衍了事。

沒有最好，只有更好，這是敬業員工的座右銘，也是值得每個人牢記一生的格言。但是，有很多員工因為養成了輕視工作、馬虎從事的習慣，對工作敷衍塞責，招致一生碌碌無為，當然就不能出類拔萃。

世界上想做大事的人極多，願把小事做好的人並不多——而敬業的人工作之中無小事。用心去做每一件事，不要輕視它。即便是最不起眼的事，也要盡心盡力去完成，因為對大事的成功把握來源於小事的順利完成。只有踏踏實實地做好現在，才能贏得未來。

安娜剛開始做新聞主播時，被委任的工作是報時和節目介紹，不僅每天的工作內容一成不變，就是一天之中相同的事情也要重複好幾遍。然而，她最初應徵的卻是記者。因此，那個時候她的心情簡直是糟透了，每天都過得相當地鬱悶，表情暗淡。這樣，她的同事、朋友等也慢慢地開始疏遠她了，這使她的心情更加沉重，導致了一種惡性循環。

突然有一天，她從中驚醒過來，意識到自己這樣是在浪費青春，虛度光陰。如果自己實在是討厭這份工作，那就立即辭職，否則以目前這種狀態，一年中的大部分時間就會這樣虛度過去。以這種虛無的心態來工作，簡直就是在踐踏自己的青春。既然是不得不幹下去，倒不如把自己融入到工作中去，使自己樂在其中。經過這樣一番思想轉變，她就開始思考，怎樣才可以在呆板的臺詞中加入自己真正的心裡話，使別人的臺詞成為自己的臺詞。

終於，她找到了辦法。她發現，每周兩次的晚間節目介紹的前十秒鐘是她的自由空間。因為，在那之後的臺詞她無權更改，而此前的十秒鐘則說什麼都行。

「紐約昨天颳風了」，「國家森林公園的楓葉紅了」，總之，就在這十秒鐘之內加上她親眼目睹、親耳所聞、真心所感的一些小事情。從時間上講，不過短短的十秒鐘，但是，從這以後，她的心情徹底改變了，每日一句成了她一天中最大的樂趣。不論是走路，還是坐公車，只要頭腦一有空閒，她就思考著今天的十秒鐘說什麼好，怎樣表達才好些。這樣，她原來暗淡的表情重歸開朗，由此又贏得周圍人的友誼。

而她那頗具創意的每日一句也在聽眾中贏得廣泛好評，原本僵硬死板的節目介紹，因為她的一句妙語而變得溫馨無限，使人聞之如飲甘泉。同時，周圍的朋友對她也大加讚賞：「幹得不錯嘛！看你，真是神采飛揚！」周圍人的讚美令她激情無限，工作越做越好。不久，她就被提拔到了更重要的工作崗位。

敬業才會出類拔萃。

做好你的本職工作，讓你的敬業指導你做好工作並去感染身邊的每一個人。

如果你想成功，就必須選擇敬業，敬業讓你出類拔萃。

◎職業是你的信仰

一個人一時的敬業很容易做到，要做到一輩子敬業就很難了。

老木匠已經60歲了，決定放棄工作回家享受天倫之樂，安度晚年了。於是他告訴老闆，他想離開他從事一生的建築行業了。老闆捨不得老木匠離開，因為老木匠是他最優秀的員工之一。

他誠意挽留，但木匠去意已絕不為所動，最後老闆只得無奈地點頭答應，但仍問木匠是否可以幫忙再建一座房子。礙於昔日情面，老木匠心裡雖萬般不願，仍點頭答應了。

在施工過程中，任誰都看得出來，老木匠的心已不在工作上了，用料既不復昔日的認真嚴格，做出的工藝也全無往日的水準。所謂的敬業精神在老木匠身上已不復存在了。老闆看著老木匠蓋的房子，惋惜地嘆了口氣，卻沒有說什麼。在房子建成之後，老闆把房子的鑰匙交給了老木匠，說道：「這是你的房子，是我為你這麼多年辛勤勞作而準備的禮物。」老木匠呆住了，與此同時，大家在他的臉上看到了懊悔與羞愧的神情。老木匠這一生為別人蓋了數不清的房子，卻在職業生涯的最後，建造一座有生以來最粗製濫造的房子來給自己當禮物。

專心致志幹了一輩子的老木匠，在最後關頭犯了「晚節不保」的錯誤，讓人可嘆。只有將自己的職業視為天職、作為生命的信仰，才是真正掌握了敬業的本質。

敬業，簡單地說，就是尊崇自己所從事的職業；詳細地說，就是指從業人員在特定的社會形態中，認真履行所從事的社會事務，用一種恭敬嚴肅的態度，來對待自己的職業，在職業生活中盡職盡責、一絲不苟、兢兢業業、埋頭苦幹、任勞任怨。

推銷員要做到敬業，首先要認識自己從事的職業的社會價值，樹立正確的社會職業觀。無論哪種類型的職業，都是社會所必需的，都無高低貴賤之分，只是社會分工的不同而已。

如果一個推銷員以一種尊敬的心靈對待職業，甚至對職業有一種虔誠的態度，他就已經具有敬業精神。然而，如果他的敬業心態還沒有上升到視自己職業為天職的高度，那麼他的敬業精神還未滲透到心裡，還未真正掌握精髓。

所謂天職就是將自己的工作與自己的生命信仰聯繫在一起，使自己的職業具有了神聖感和使命感。只有把自己的職業當作生命的信仰，那才是真正掌握了敬業的本質。

士光敏夫曾經擔任日本著名大企業東芝株式會社社長，他對員工要求非常嚴厲。他告訴員工：「為了事業的人請來，為了工資的人請走」。唯有為了共同事業的人聚集在一起才能將事業做大，當企業面臨困難的時候，他們才會同舟共濟。而那些為工資而來的人只看重企業給他們的待遇，若有一天企業出現困難，他們就會一走了之，重新尋找能滿足他們物質要求的企業。

敬業精神是現代社會所宣導的，也是所有公司企業生存所必需的。任何一個公司都歡迎敬業的員工的加盟，同時也在給予現有員工必要的激勵以使他們更加敬業。

東芝之所以能發展成為世界知名的跨國企業，與它重視員工的敬業精神有著不可分割的關係。作為職業人士，沒有理由不去理會什麼是敬業，怎樣去敬業的問題，懂得敬業是發展職業的前提，敬業所表現出來的積極主動、認真負責、一絲不苟的工作態度，就是職業人士所應當具備的，它是成功的有力保障。

敬業的人之所以受歡迎，不僅因為他們能向老闆有交代，更重要的是他們認識到了敬業是一種使命，是一種責任精神的體現，這樣的推銷員會真正為公司的發展做出貢獻，他們自己也才能從工作中獲得樂趣和財富，從而更好地工作。

一個敬業的員工會將敬業意識記在心中，實踐於行動中，做事積極主動，勤奮認真，這樣他就不僅能獲得更多寶貴的經驗和成就，還能從中體會到快樂。我們也經常看到不敬業員工的身影，他們自作聰明地在工作中偷懶，不負責任，頭腦中根本沒有敬業精神，更不會把敬業看作是一種神聖的使命。一個敬業的員工，處處認真負責，一絲不苟，站在這樣一群不敬業的人當中，自然是鶴立雞群，也會得到老闆的關注，遲早會受到老闆的重用和提拔。

第2章 推銷從人性化服務開始

如何把你的產品、服務、想法甚至你自己推銷給別人？良好的心態是你最好的拐杖，有了它，一切皆有可能。

幫助別人就是幫助自己

幫助別人，在給人關懷的同時，別人也會對你肯定，也會伸手幫助你。幫助別人最終的受益者是你自己。

◎抓住一切機會幫助顧客

張宏自大學畢業獨闖社會以來，可謂如魚得水，左右逢源。他不僅人緣頗佳，而且事業有成。跑推銷，業務做得火龍火馬，銷售量直線上升，深得客戶的喜愛和老闆的賞識；等到他自己做老闆時，生意更是做得紅紅火火。張宏之所以能有如此驕人的作為，其中一個重要因素就在於他的「利他」情結：關注他人，心系他人，欣賞他人，幫助他人，從而使自己擁有磁石般的人格魅力。

推銷員只有一種方法能超越競爭者，就是要盡可能地幫助顧客，這種幫助應是真心誠意而不期望回報的，這是一種自然關心他人的舉動。經驗證明，當一個推銷員學會付出後，生意就會在門前等著他。

有經驗的推銷員，會經常將最新的資訊送給顧客，這是助人的方式之一。一般人都會跟那些一直保持往來、又能提供最新訊息的推銷員做生意，因為跟熟人做生意總是比較有保障。

有一次，一位做保險的銷售經理和一個新推銷員一起拜訪一位老是談不成生意的準保戶——一位餐廳老闆。他們坐在餐廳裡談話，而那位老闆得不時起身察看員工，和顧客打招呼或是幫忙店務。別說談生意，連讓他集中注意力聽他們說話都很難。當經理想建議等打烊後再見面時，他的太太適時出現，接管了店務，老闆放鬆下來，他們也跟著鬆了口氣。

這位顧客的確有些棘手，他不斷地說「不！」銷售經理顯然處於劣勢。這是一種挑戰，而且他必須向年輕推銷員證明、再困難的推銷都會有轉機。所以這位經理不厭其煩地推銷，而這個顧客還是一直說「不！」過了兩小時，他們終於帶走一份簽了名的投保書。

第二天一早，秘書告訴經理，餐廳老闆娘電話來。他猜想他可能逼得太過火了，老闆娘一定是想解約。但這位太太卻說：「我一直等到我先生出門才能打電話來道謝，你不知道您幫了我兒子多大的忙。我先生一定沒跟你們講他有賭博的習慣，我們家一直沒有什麼積蓄。現在至少我不用再擔心孩子的教育費問題了，我一定會準時繳款的，真謝謝你。」這位經理非常驚訝竟是如此。

聽了這些話，不光是新推銷員學到了推銷的經驗，這位經理也得到一些新的啟發，那就是不要完全相信顧客說的他為什麼不買的原因。他也因此更加確信，專業的推銷員經常在不知不覺中幫助了顧客。

如果你有機會幫助顧客，千萬別錯過時機。有一個同樣是做保險推銷的推銷員因此做成一筆大生意。

有一回這位推銷員去見一位準保戶，解說過程很短，因為對方說，他那位有錢的農夫叔叔有緊急事情要辦，而且他對儲蓄險沒興趣。事實上，推銷員把文件拿出來之前，準保戶就已經往外走了。

推銷員走回停在庭院裡的車旁，見到顧客提到的那位叔叔正躺在地上修理引擎。推銷員走過去，告訴那位先生修理引擎是他最拿手的，然後立刻脫掉夾克，捲起袖口，花了一下午的時間修好了引擎。推銷員再度受邀回屋裡，而女主人則留他吃晚餐。當他準備離開時，主人要求他第二天再來談儲蓄險的事。

第二天，這位推銷員做成了一筆天價的交易。

你相信推銷員都是幫了顧客的忙才做成生意的嗎？不信就試試，你會因此超越競爭者。

不論何時，顧客的心理大致上都是一樣的。你經常幫助客戶，會在無形中樹立起顧客對你的信任。

◎幫助別人，就是幫助自己

人是講感情的，推銷商品也要講感情。現在越來越多的商店認識到與人方便，才與己有利，他們的市場定位也在於方便市民。

大家都很熟悉的上海華聯公司下屬的18家連鎖超市推出了代收公用副業費的服務專案，從清晨6點半一直服務到晚上11時，儘管每收一筆水電費商場只有7分錢的賺頭，但他們沒有以利小而不為，始終堅持這一特色服務，受到廣大市民的讚譽。

一年夏天，上海連日酷暑，這家公司又及時想到了用電集中容易引起保險絲爆斷，隨即進了大量的保險絲，經過加工，以每段一米的規格出現在貨架上，把市場對顧客的關心融入其中。除此之外，他們還同時推出多項便民利民服務，諸如「當天新鮮麵包專櫃」微波爐方便顧客即買即食；雨傘雨衣免費租；打氣筒免費使用；繩子、糨糊、剪刀、紅藥水以備顧客急用；把書籍、雜誌引進商場等等。

一分投入，一分收穫。當不少商店為門庭冷落發愁時，這裡的18家超市卻「人氣」十足。在每天下午4時以後，商場內更是人頭攢動。在夏季的銷售淡季裡，他們的生意卻越做越「火」，銷售額月均遞增400至500萬元。

給別人提供了方便，別人也會回報你。正如「一分付出就有一分回報」，要想顧客回報更多，你就要先付出很多。

孫強得知有家新開張的外商投資的大公司需要進購一大批電腦，於是孫強專程去拜訪了公司的董事長，當孫強被迎進董事長辦公室時，一個秘書模樣的年輕小姐從門外探進頭來，告訴董事長，她這天沒有什麼郵票可以給他。

「我在為13歲的兒子搜集郵票。」董事長對孫強這樣解釋道。孫強說明他的來意，董事長卻很遺憾地告訴他：「你的資訊來得太遲了，因為我們公司電腦的訂購工作已經結束。」董事長還善意地將公司的訂購單拿出來給孫強看。雖然生意沒有談成，但董事長的兒子需要郵票的事，卻深深地印在了孫強的腦海裡。

第二天早上，孫強再次找上門去，傳話給董事長的秘書，說他有一些郵票要送給董事長的兒子，是否讓他進去？董事長翻閱著孫強給他的郵票，滿臉堆著微笑，說：「我的約翰肯定會喜歡這幾張中國郵票，這對他來說簡直就是無價之寶！」當董事長提出要用錢將這些郵票買下來時，孫強卻斷然拒絕：「我要是為了賣錢，也就不會拿到這兒來了。我們雖然生意沒有做成，情意還在嘛。這些郵票對於我來說，並沒有多大用處，送給你的兒子做個紀念吧。」

孫強的這一舉動令董事長感動不已。這一天，他們花了一個多小時談論郵票，從此也交下了非同一般的友誼。一年後，這家公司擴大業務，需要添置一批電腦，董事長主動打電話給孫強，使孫強順利地做成了一筆大生意。

的確如此，人與人之間的相處，如果採取的是「用得著人時再去求人」的處事方式，註定只能「培養」出短暫的友誼，無疑這種友誼也不可能維持長久。那種不圖回報的、給人以真誠的幫助，不僅僅是高尚之舉，也是一種長期的感情投資，這對於給予者來說，將是一筆無形資產。

◎從益於客戶的構想出發

為什麼有的推銷人員一直順利成功，而有的推銷人員則始終無法避免失敗？因為那些失敗的推銷人員常常是在盲目地拜訪客戶。他們匆匆忙忙地敲開客戶的門，急急忙忙地介紹產品；遭到客戶拒絕後，又趕快去拜訪下一位客戶。他們整日忙忙碌碌，所獲卻不多。

推銷人員與其匆匆忙忙地拜訪十位客戶而一無所獲，不如認認真真做好準備去打動一位客戶。即推銷人員要作建設性的拜訪。

所謂建設性的拜訪，就是推銷人員在拜訪客戶之前，要調查、瞭解客戶的需要和問題，然後針對客戶的需要和問題，提出建設性的意見，如提出能夠增加客戶銷售量，或能夠使客戶節省費用、增加利潤的方法。

一位推銷高手曾這樣談到：「準客戶對自己的需要，總是比我們推銷人員所說的話還要值得重視。根據我個人的經驗，除非有一個有益於對方的構想，否則我不會去訪問他。」

推銷人員向客戶作建設性的訪問，必然會受到客戶的歡迎，因為你幫助客戶解決了問題，滿足了客戶的需要，這比你對客戶說：「我來是推銷什麼產品的」更能打動客戶。尤其是要連續拜訪客戶時，推銷人員帶給客戶一個有益的構想，乃是給對方良好印象的一個不可缺少的條件。

王濤的客戶是一位五金廠廠長。多年以來，這位廠長一直在為成本的增加而煩惱不已。王濤在經過一番詳細的調查後瞭解到其成本增加的原因，多半在於該公司購買了許多規格略有不同的特殊材料，且原封不動地儲存。如果減少存貨，不就能減少成本了嗎？當王濤再次拜訪五金廠廠長時，把自己的構想詳盡地談出來。廠長根據王濤的構想，把360種存貨減少到254種，結果使庫存周轉率加快，同時也大幅度地減少了採購、驗收入庫及儲存、保管等事務，從而降低了費用。

而後，五金廠廠長從王濤那裡購買的產品大幅度地增加。

要能夠提出一個有益於客戶的構想，推銷人員就必須事先搜集有關資訊。王濤說：「在拜訪顧客之前，如果沒有搜集到有關資訊，那就無法取得成功」，「大多數推銷人員忙著宴請客戶單位的有關負責人，我則邀請客戶單位的員工們吃飯，以便從他們那裡得到有利的信息。」

王濤只是稍作一點準備，搜集到一些資訊，便採取針對性的措施，打動了客戶的心。王濤正因為認真地尋求可以助顧客一臂之力的方法，帶著一個有益於顧客的構想去拜訪客戶，才爭取到不計其數的客戶。

換位思考拉近顧客距離

換位思考，就要求你站在顧客的立場來看問題。如果你是買主，什麼情況下你會掏錢購買產品或服務呢？一個偉大的推銷員一定是善於換位思考的人。

◎從顧客角度出發誘導顧客

超市經理問：「你今天有幾個顧客？」推銷員答：「一個。」「只有一個嗎？賣了多少錢呢？」推銷員答：「5萬8千多美元。」經理大為驚奇，要他詳細解釋。推銷員說道：「我先賣給那個男的一枚釣鉤，接著賣給他釣竿和釣線。我再問他打算去哪裡釣魚，他說要到南方海岸。我說該有艘小船才方便，於是他買了六米長的小汽艇。他又說他的汽車可能拖不動汽艇。於是我帶他去汽車部，賣給他一輛大車。」經理喜出望外，問道：「那人來買一枚釣鉤，你竟能向他推銷那麼多東西？」

推銷員答道：「不，其實是他老婆偏頭痛，他來為她買一瓶阿司匹林藥。我聽他那麼說，便對他說：『這個周末你可以自由自在了，為什麼不去釣魚呢？』」

聰明的推銷員善於從顧客的角度著想，運用恰當的語言，在融洽的氣氛中誘導顧客，激發他們的購買欲。這樣，你會收到意想不到的效果。

小輝對於不公平的事，總會先站到對方的角度進行換位思考，注意多想他人的難處。所以，他很少對人抱怨，別人也很少會與他結怨。

大學剛畢業那陣子，他為一家網路公司搞設計，主管小輝這個部門的王經理脾氣暴躁且喜歡挑剔，他與部屬總是搞不好關係。因而辦公室來的人換了一批又一批，幾乎沒有一人能夠幹得長久。

當經理又來找小輝的茬時，小輝意識到自己該是「識時務」——辭職的時候了！因此，小輝不得不悄悄地拐彎抹角尋出路，開始為自己尋找其他合適的工作。不過，即使到了這個即將說「再見」的地步，小輝也並不多麼怨經理，他覺得「源頭」是因為公司老闆的脾氣不好，潛移默化地將這種脾氣傳染到經理們身上。

因此，他決定在臨走之前給老闆寫一封信，感謝他曾經給了自己就業的機會，同時，他也「仁至義盡」地向老闆提個「醒」。他問老闆是否知道？

在召見他的經理們的時候，他們一個個誠惶誠恐、頭腦開始變得遲鈍的情況？小輝堅信如果公司裡的氣氛能夠變得更好一點兒，公司的生意會變得更加興隆。因為一個寬鬆的環境對挖掘員工的潛能來說，是多麼重要。因此，小輝在信的末尾這樣向老闆建議：何不將「愛」充斥於公司上下之間呢？

沒想到，寫出這封信後不僅沒有被「炒魷魚」，相反，還受到了重用。也正是因為小輝的這封信，辦公室的氣氛改善了許多，大家也不必再對王經理的臉色提心吊膽了，工作時臉上的肌肉都鬆弛了許多。原來，老闆看了小輝寫的信後，深有感觸，他就這個問題召開公司高層會議，進行研究。在會上，老闆意味深長地對王經理說：「一個預感自己就要離開公司的人，都還在替公司著想，有這樣的員工難道你不感到自慚形穢嗎？」小輝雖然身在危難之時，卻還在為他人著想，所以他能夠化險為夷，能夠因「禍」而得福。

◎換位思考能化劣勢為優勢

1918年，吉諾·鮑洛奇生於美國明尼蘇達州一個貧窮的礦工家裡，他的童年是在饑餓中度過的。14歲時，鮑洛奇在一家食品店當了送貨員。由於他工作賣力，認真負責，經理讓他當了售貨員。

鮑洛奇所在的食品店是杜魯茲食品商大衛·貝沙所擁有的連鎖店之一，多年來，貝沙一直想物色一個能幹的年輕人做自己的接班人。當他聽說鮑洛奇是一個做生意的好手時，便把他調到杜魯茲總店，親自對他進行培訓。

鮑洛奇初到總店，幹的還是老本行——賣水果。他的水果攤就設在杜魯茲最繁華的街道，周圍有很多水果攤，各家都使出渾身解數，拚命拉顧客，競爭非常激烈。由於鮑洛奇很會把握顧客的心理，銷售業績直線上升。

一次，水果冷藏廠起火，有18箱香蕉被烤得皮上生了許多小黑點。貝沙先生把這些香蕉交給鮑洛奇，讓他降價出售。由於香蕉外觀不佳，雖然鮑洛奇將價格降了將近一半，還是無人問津。該怎麼辦呢？鮑洛奇又仔細地檢查了一遍貨物，發現香蕉只是皮有點黑，裡面的肉一點也沒有變質，相反，由於煙熏火烤的緣故，吃起來反倒別有一番風味，於是，他心裡有了主意。次日一大早，鮑洛奇擺上香蕉，大聲吆喝起來：「快來買呀，最新進口的阿根廷香蕉，南美風味，全城獨此一家，大家快來買呀！」經他這麼一嚷嚷，很多人被吸引過來，攤前圍了一大群人。

鮑洛奇請一位女士親口嘗「阿根廷香蕉」，並請她發表意見。女士說：「嗯，確實有一種與眾不同的香味。」結果，她買了10磅。

有了那位女士帶頭，再加上鮑洛奇的鼓動，18箱香蕉便以高出市價1倍的價格銷售一空。

這件事，鮑洛奇雖然感到是在欺騙顧客，甚至多年後還為之內疚，但從這件事中，他悟出了一個道理——消費心理是非常微妙的，如果不把握這種微妙的心理作用，在商界永遠也不可能有出奇制勝的一天。

有此領悟，鮑洛奇在銷售上越幹越出色，甚至連別的公司也知道他的大名。後來，他被尼爾遜公司挖過去開拓北方市場。尼爾遜公司是一家頗有名氣的老牌雜貨批發公司，在保羅附近具有相當的感召力，然而，不知何故，公司始終無法打入北部地方。

鮑洛奇向尼爾遜公司提出的條件就是：按50％提成，銷售方式由我自己決定，別人不得干涉。

鮑洛奇時刻為顧客著想，憑藉自己獨特和思維方式又創造出不少新鮮的推銷方法。因此，鮑洛奇推銷的貨物量一天天增多，他的收入也越來越可觀。由於他的銷售成績太好，他的收入竟超過了公司老闆。

換位思考的魔力如此巨大，何不實際應用一下？

人性化服務就是你的賣點

作為一個推銷員，你應該瞭解，在推銷中脫穎而出的最好方法是提供最好的服務，人性化服務是你的賣點，服務能使推銷達到盡善盡美。

◎只要商店開門就要提供服務

「24小時營業，全年無休息」，這是近十年發展最快的推銷策略，尤其是四處林立的超市、餐廳。但是，其中有許多店卻只是24小時開門，並沒有24小時服務。

目前，許多超市或便利商店都有複印業務，可是許多店內的影印機卻長期處於故障狀態，問店員何時可以修復，回答是不知道。其實真正的原因在於複印服務既麻煩，利潤又微薄，所以乾脆就讓它「全休」。不知情的顧客則一次又一次的上門諮詢，然後一次又一次失望地離開。這種便利商店，帶給顧客的卻是不便利。

有的超市，晚上過了12點，就把所有的晚報收起來，顧客過了這個時間想要買晚報，店員的回答不是「對不起，已經賣完了」，就是「我們過了12點就不賣了！」意思是報紙還有，只不過是將正、副刊拆開準備退報，顧客如問放在哪裡，我自己找可以嗎？回答當然是不可以。於是顧客只好懊惱地離開，這樣的服務如果你遇到了你還會去那裡買東西嗎？

這當然都是一些芝麻綠豆的小事，但由這些小事卻可以看出服務品質的高低。報紙如果已經賣完，顧客當然無話可說，也無從抱怨，畢竟時間已經那麼晚了。但是，還有報紙卻因時間晚或怕麻煩而拒絕已上門的顧客，讓他們失望的離去。顧客對這種「只開門，無服務」的店，會有好的評價嗎？

前IBM全球推銷副總裁巴克·羅傑斯就曾說過：「我們在乎的不是把一件事做到100％的好，而是使100件事都能有1％的改進。推銷的魅力往往體現在有禮貌的應對顧客的電話等微不足道的小事上，讓顧客得到滿意的答覆，而我們所認為的小事，對顧客來說可能是大事。」羅傑斯所說的話，聽起來好像沒有什麼動人之處，甚至有人會認為是沒有新意的老生常談。然而，它卻是一個公司比其他公司更卓越、更成功的主要原因。

超市少賣一份晚報，只是減少了很少一點營業額，確實是微不足道的小事。但是，就夜貓族的顧客而言，此時如能得到服務一定會非常高興。從此以後，有可能就成為該店最忠實的顧客。

服務業如果不懂得服務的真諦，也不能時時反思如何把握顧客的心理，就很難在競爭激烈的市場立足。

◎為顧客提供人性化服務

香港著名音樂人林夕有一位朋友，在日本住了幾年後，回到香港，打算開一家日本料理店，請林夕幫他選擇開店位址。

他們開車跑遍了全城，最後選出10個候選位址，作為「準店」。然後把這10家準店的位置、環境、佈局等各方面情況的優點和缺點列出對照表，反覆比較，最後確定3家準店進入最後的「決賽」。

接下來，林夕的朋友請專門的市場調查諮詢公司，對3個準店的市場潛力進行了專業性調查，並提交了調查報告，根據專家的意見，最後確定一處，作為開店的位址。

店面終於按照朋友的要求裝修好，朋友邀請林夕去參觀。林夕進去之後，第一感覺是舒服，第二感覺還是舒服。林夕發現，自己作為顧客，能想到的、能提出的要求，店裡都幫你做好了。有一些顧客沒有想到的，店裡也幫你做好了。但是，這位朋友還是不放心，請朋友們來提意見。

林夕看著朋友覺得有些不可思議，說：「要是換成我，現在早就開店賺錢了。你快開業吧，早一天開業，就早一天賺錢。」

可是朋友說：「不行，正式開業，在一個星期之後。從明天開始，我請朋友們來這裡吃飯。但是，飯不能白吃——大家吃完之後，每個人至少得提出一條意見。」

聽他這麼一說，朋友們都問：「為什麼？」

他說：「我在日本餐館考察時，他們永遠不會讓客人等候超過5分鐘。他們不會讓客人有任何不滿意的地方。假如現在開業，我還沒有把握。因此，我請大家來提意見。」

「你這是客氣。你要知道，這裡是中國。趕快先開業吧，發現問題隨時糾正就行了。」

「不行。我不能拿顧客做實驗。在日本的考察經驗是：開業前10天的顧客，絕大多數都會成為固定的回頭客。如果前10天留不住顧客，這店就得關門。」

「為什麼？一個新店，有一點不足很正常嘛！有問題下次改正不就行了嗎？」

「真的不行。在日本，沒有下一次。只有一次機會。我剛到日本的時候，覺得日本人好傻，你說什麼他都相信，如果想騙他們，其實很容易。但是，他只會上一次當。以後，他再也不會和你來往。如果是你本人的原因犯了錯，你就得離開，根本沒有下一次機會了。」

聽到這裡，林夕明白了朋友的做法。他就是要一次成功，這是他第一次開店，也是最後一次開店。絕對不允許失敗。

記住，人性化服務是你的賣點，這不僅在服務業中適用，在你推銷商品時同樣有效。

推銷大師原一平說：「推銷前的奉承，不如推銷後的周到服務，這是製造永久客戶的『不二法門』。」

無論多麼好的商品，如果服務不完善，客人便無法得到真正的滿意，甚至當服務方面有缺陷時，會引起客戶的不滿，從而喪失商品自身的信譽。

許多公司稱推銷員為「處理機械修理工作的人員」。機械工為客戶所做的每一次服務，都可以說是一種推銷行為。

要記住，沒有一樣產品是十全十美的。當然，產品製造得愈好，其所需要的服務工作愈少，但是，如果需要服務的話，那麼這種服務一定要是最好的。這種工作應該由受過訓練的人員去擔任，並使用自己公司所製造經銷的，或介紹的最好的零件與材料。

推銷員在裝置其產品時就應給客戶以真正的服務，將一切情況告訴他，每個推銷員都需有一種詳細的記錄，其中應表示出何時客戶應該再進貨，不論其所應進的是產品本身，還是其所需的零部件，都須詳細寫明。要時常強調你的產品所需要的不是別的東西，而是周到的服務，以及各種你自己製造的，或介紹的精緻零件與相配物品。推銷上的服務工作與機械上的服務工作要密切配合，這些都是很重要的。

◎人性化服務要求推銷員有服務意識

一個推銷員只有具備自我推銷意識才可能去為顧客提供服務。

那麼，推銷人員在向顧客推銷自己時，如何推銷自己的服務意識呢？

首先，推銷員要提供文化方面的服務。

推銷人員可以對顧客說明能夠提供知識上的服務。以買車的事為例，推銷人員除了向顧客介紹商品效益外，還要提供建設性意見。

例如，近來隨著國民生活水準的提高，休閒活動已成為美滿生活必備的條件之一，特別是久居在緊張，喧囂的工業社會裡，推銷人員若能為購車的客戶提供旅遊資料或詳細索引表，安排適當行程等，在駕車出遊時無需考慮加油、修護、食宿等問題，又可瞭解沿途狀況或旅遊點的特點，增添許多歡樂，這便是對購買客戶提供的最好服務專案之一。

其次還要提供生活方面的服務

推銷人員應視自己如同顧客家族中的一分子，能在日常生活中經常予以協助、照顧。具體來說，像在碰到顧客家中有婚喪喜慶時，在力所能及範圍內盡力地給予幫助。但是我們必須牢記一件事，我們本身仍是一位推銷人員，欲做客戶家族中的一員時，其立意雖好，但是，若過於超過服務範圍的話，也不必要。例如，對顧客的個人生活、服務太過熱忱，相反有時會給對方留下不好的印象，應特別注意。

推銷員最好能為客戶解決燃眉之急

IBM公司在長期的經營中，形成並保持為客戶提供良好服務的傳統。IBM的領導者認為：良好的服務是打開電腦市場的關鍵，IBM就是要為顧客提供全世界最佳的銷售服務。老沃森本身就是一個成功的推銷人員，所以從一開始就十分重視銷售部門服務工作的品質，他要求對任何一個用戶提出的問題都必須在24小時之內給予解決，至少要做出答覆。所以IBM的服務效率很高。老沃森不但提出這樣的要求，也身體力行，做出表率。1942年，戰時生產局的一名官員在復活節前的星期五下午找到老沃森，要求訂購150台機器，並要求公司在下星期一把這些機器運到華盛頓。這是一項非常緊迫的任務，老沃森毫不猶豫地答應下來，並親自負責這一運送工作。他在周末早上便吩咐職員打通了全國的IBM辦事處電話，指令將150台機器在周末發往華盛頓，並要求他們在每輛運貨車開赴華盛頓時打電話給那位官員，把貨車的啟程和到達時間告訴他，同時還安排員警護送這些晝夜行駛的貨車。公司的客戶工程師也奉命而來，在喬治鎮建立一個小型工廠來負責接受和安裝這些設備。這種周到的服務、周密的安排，保證了這批機器保質保量地運送到了目的地，為IBM公司贏得了良好的信譽，樹立起IBM公司良好的企業形象。

尊重顧客才能順利成交

無論做什麼工作，幹任何事情，只要和人打交道，就要尊重別人，只有尊重別人，工作才能順利開展。

◎記住客戶的名字

記住客戶的名字和稱謂也很重要。

在卡耐基小的時候，家裡養了一群兔子，所以每天找青草餵兔子，成了他每日固定的工作。卡耐基年幼時家中並不富裕，他還要代替母親做其他的雜事，所以，實在沒有充裕的時間找到兔子喜歡吃的青草。因此，卡耐基想了一個辦法；他邀請了鄰近的小朋友到家裡看兔子，要每位小朋友選出自己最喜歡的兔子，然後用小朋友的名字給這些兔子命名。每位小朋友有了與自己同名的兔子後，每天都會迫不及待地送最好的青草給予自己同名的兔子。

名字的魅力非常奇妙，每個人都希望別人重視自己，重視自己的名字，就如同看重他本人一樣。傳說中有這樣一位聰明的堡主，想要整修他的城堡以迎接貴客臨門，但在當時，各項物質資源相當匱乏，聰明的堡主想出了一個好辦法：他頒發指令，凡是能提供對整修城堡有用東西的人，他就把他的名字刻在城堡入口的圓柱和磐石上。指令頒發不久，大樹、花卉、怪石……都有人絡繹不絕地捐出。瞭解名字的魔力，能讓你不勞所費就能獲得別人的好感，所以，如果你是一個推銷人員，千萬不要疏忽了它。

銷售人員在面對客戶時，若能經常流利地以尊重的方式稱呼客戶的名字，客戶對你的好感也將愈來愈濃。專業的銷售人員會密切注意，潛在客戶的名字有沒有被媒介報導，若是你能帶著報導有潛在客戶名字的剪報拜訪你初次見面的客戶，客戶能不被你感動嗎，能不對你心懷好感嗎？

1898年，紐約石地鄉發生了一起悲慘的事件。村裡有一個孩子死了，鄰人正預備赴葬。那天地上積滿了雪，天氣寒冽。發萊到馬棚去駕馬，那馬好幾天沒有運動了。當它被引到水槽旁時，就在地上打轉，雙蹄騰空，竟將發萊踢死了。在一個星期內，這個小小的村子就舉行了兩次喪禮。

發萊遺下妻子，三個孩子，還有幾百美元的保險。

他10歲的長子吉姆到磚廠去工作，任務是把沙搖進模型中，然後將磚放到一邊，讓太陽曬乾。這個男孩從未有機會接受過教育，但他有著愛爾蘭人樂觀的性格和討人喜歡的本領，後來他參政了，經過多年以後，他養成了一種非凡的記憶人名的奇異能力。

他從未見過中學是什麼樣子，但在他46歲以前，4所大學已授予他學位，他成了民主黨全國委員會的主席，美國郵政總監。

記者有一次訪問吉姆，問他成功的秘訣。他說：「若干。」記者說：「不要開玩笑。」他問記者：「你以為我成功的原因是什麼。」記者回答說：「我知道你能叫出1萬人的名字來。」

「不，你錯了，」他說，「我能叫出5萬人的名字！」

正是他的這種能力後來幫助羅斯福進入了白宮。

在吉姆為一家石膏公司做推銷員四處遊說的那些年中，在擔任石地村書記員的時候，他發明了一種記憶姓名的方法。

最初，方法極為簡單。無論什麼時候遇見一個陌生人，他就要問清那人的姓名，家中人口，職業特徵。當他下次再遇到那人時，儘管那是在一年以後，他也能拍拍他的肩膀，問候他的妻子兒女、他後院的花草。難怪他得到了別人的追隨！

在羅斯福開始競選總統之前的數個月，吉姆一天寫數百封信，發給西部及西北部各州的人。然後他乘輕便馬車、火車、汽車、快艇遊經20個州，行程1萬2千哩。他每進入一個城鎮，就同他們傾心交談，然後再馳往下段旅程。

回到東部以後，他立刻給他所拜訪過的城鎮中的每個人寫信，請他們將他所談過話的客人的名單寄給他。到了最後，那些名單多得數不清；但名單中每個人都得到吉姆一封巧妙諂媚的私函。這些信都用「親愛的比爾」或「親愛的傑」開頭，而它們總是簽著「吉姆」的大名。

吉姆在早年即發覺，普通人對自己的名字最感興趣。「記住他人的姓名並十分容易地叫出，你便是對他有了巧妙而很有效的恭維。但如果忘了或記錯了他人的姓名，你就會置你自己於極不利的地位。例如我曾在巴黎組織一次演講的課程，我給城中所有的美國居民發出過一封印刷信。這位法國打字員英文不好，輸入姓名，自然有錯。有一個人是巴黎一家美國大銀行的經理，寫給我一封灼人的責備信，因為他的名字被拼錯了。可見，記住人家的名字對對方是多麼重要！」吉姆如是說。

◎學會尊重客戶

傑克和約翰去曼哈頓出差，由於在那天早上的第一個約會前有一點時間，兩個人可以從容地吃頓早飯。點完菜之後，約翰出去買報紙。過了5分鐘，他空手回來了。他搖搖腦袋，含糊不清地發洩著憤怒。

「怎麼啦？」傑克問。

約翰答道：「我走到對面那個報亭，拿了一份報紙，遞給那傢伙一張10美元的票子。他不是找錢，而是從我腋下抽走了報紙。我正在納悶，他開始教訓我了，說他的生意絕不是在這個高峰時間給人換零錢的。」

兩個人一邊吃飯，一邊討論這一插曲，約翰認為這裡的人傲慢無理，都是「品質惡劣的傢伙」。以後他再也不讓任何人給找10美元的票子了。飯後，傑克接受了這一挑戰，讓約翰在飯店門口看著，自己則橫過馬路去。

當報亭主人轉向傑克時，傑克和順地說：「先生，對不起，我不知道你能不能幫個忙。我是個外地人，需要一份《紐約時報》。可是我只有一張10美元的票子，我該怎麼辦？」他毫不猶豫地把一份報紙遞給傑克道：「嗨，拿去吧，找開錢再來！」

傑克興高采烈地拿了「勝利品」凱旋而歸。傑克的同伴搖搖腦袋，隨後他把這件事稱為「54街上的奇蹟」。

傑克順口道：「我們這次任務又多得一分，差別在於方法。」

這個故事講述了一個事實，尊重他人是你獲得合作的保證。在這種情況下，推銷員與客戶就能建立起公平和信任，並能互相交換實情、態度、感情和需要。有了這樣的基礎，就可以找到推銷的好辦法，從而使雙方都成為贏家。

主動購買是最高的境界

如果在推銷過程中能激發客戶的自主意識，讓客戶主動購買，你的推銷技術就到了爐火純青的地步了。

◎激發客戶的自主意識

當推銷人員找到潛在客戶後，他們都很少能夠馬上做出購買決定。你應該激發他們，讓他們感覺到自身的重要性，並且意識到缺乏決斷能力是一件令人尷尬不已的事。這樣做的目的，就是要滿足客戶的自尊和「虛榮心」，讓他們購買你的產品。

當女性推銷人員使用這種技巧時，男客戶們常常會抵擋不住進攻。譬如，一位推銷口述記錄機的女士會對一位男客戶說：「因為我經常去拜訪那些商界的頭面人物，所以我瞭解像您這樣的高層主管都很珍惜自己的時間。米切爾先生，我相信您會同意這一點。」

「是的，小姐。時間就是金錢嘛。」米切爾自負地說。

「我也非常珍惜您的時間，先生。所以我想盡量節約時間，今天就把訂單交給您，那您要的口述記錄機星期五就可以發貨了。」

「真是個好主意，不過，我今天下午要乘四點半的飛機離開，接下來的三天我都在外地。所以，我今天真是不想做任何決定。另外，我還得飛往西海岸參加一次重要的合同簽字儀式。這樣吧，你可以給我一些資料，我帶到飛機上去讀……」

「米切爾先生，我知道您一定有很多活動安排。但是，我相信像口述記錄機這樣的小項目根本不用您花時間考慮，您完全可以騰出時間去想別的事情。讓我們現在就把這份訂單處理掉，我保證等您回來的時候，您要的貨已經發出去了；這樣，您下個星期就可以用上了。」

「要是這樣的話，當然不錯。」

「那好，米切爾先生，請您在這兒簽下您的大名。」

另一位推銷房地產的女士會對一位正忙著搬家的顧客說：「格林先生，您常常把家遷往一座新的城市嗎？」

「信不信由你，我在過去的18年中已經搬過10次了，這一次該是第11次了。」

「那您對搬家很有經驗囉？」

「對我來說，搬家只是小事一樁。」格林先生笑著說。

「很好。和您這樣懂得購房的人合作應該輕鬆多了，而那些從未遷家出城的人，要是太太不在身邊，自己總是拿不定主意該不該買房。」

你要經常運用相似的策略去建立起一位女客戶的自主意識，我會說：「我真佩服現在的那些女強人，她們能夠做出上一代婦女想都不敢想的決定。」

當一名年輕的推銷人員拜訪比自己年長的客戶時，這種方法同樣很有效果。推銷人員說：「我很高興和您這樣果斷、富有經驗的人合作。您知道，現在有太多的年輕人都不明白該如何拿定主意。」

當客戶的虛榮心得到滿足以後，他們會痛快地購買你推銷的商品。

◎抓住顧客閃光點

華森是一家電力公司的推銷員，一天，他來到一所看來比較富有及整潔的農舍門前，不過門只打開了一條小縫，戶主查理太太從門內探出頭來。當她得知華森是電氣公司的銷售代表後，便猛然把門關閉了，華森先生無奈，只好再次敲門，敲了很久，查理太太才將門打開，但這次僅僅是勉強開了一條小縫，華森先生還未說話，查理太太就毫不客氣地向他破口大罵。

雖然出師不利，華森卻並不服輸。他決定換個法子，再碰碰運氣。他頓時改口氣，大聲地說：

「查理太太。很對不起打擾你了，不過我今天來拜訪您並非為了公司的事，我只是來向您買一點雞蛋。」聽到這句話，查理太太的態度稍微溫和了一些，門也開大了一點。華森接著說道：「您家的雞長得真好，瞧牠們的羽毛多漂亮，多光滑。您這些多明尼克種雞下的雞蛋，能否賣給我一些呢？」

門開得更大了，查理太太奇怪地問華森：「您怎麼知道我這些是多明尼克種雞？」華森知道自己的話已經打動了查理太太，便接著說道：「我家也養了一些雞，可是沒有您餵養的這麼好，飼養得這麼好的雞我還真是沒見過呢。而且，我飼養的雞，只會生白蛋，也不知道查理太太有什麼技巧。夫人您是知道的，做蛋糕的時候，用紅褐色的雞蛋，要比白色的雞蛋好很多。我太太今天要做蛋糕，需要幾個紅色的雞蛋，所以就跑您這裡來了。」

查理太太一聽這話，感到高興萬分，於是不再有絲毫的戒備心理，立刻從屋裡跑了出來。華森則利用這短暫的時候，瞄了一下四周的環境，發現查理家擁有整套的酪奶設備，於是繼續恭維道：「我敢打賭，您養雞賺的錢一定比查理先生養乳牛賺得多。」

這句話說到了查理太太的心坎裡，她十分高興。因為長期以來，查理先生不承認這件事，查理太太則總想把自己得意的事告訴別人。他們互相交流養雞經驗，彼此間相處十分融洽，幾乎無話不談。

最後，查理太太在華森的讚美聲中，主動向他請教用電的好處，華森先生給她做了詳盡的回答。兩周後，華森在公司收到查理太太交來的用電申請書，後來，華森先生便源源不斷地收到這個村落的用電訂單。

任何一個顧客都有他的閃光點，仔細觀察，找到顧客的閃光點，並真誠的適當誇大它，你的顧客一定會很高興的。在遭到顧客拒絕的時候千萬不要放棄，如果你能像華森先生那樣善於觀察，你也一定能得到顧客的肯定，這樣一來，還愁你的產品賣不出去嗎？

◎讓顧客自己發現產品的優點

推銷過程中，讓顧客發現產品的優點，就能很快打開產品銷路。

1982年，在艾柯卡的領導下，瀕臨破產的美國第三汽車製造公司克萊斯特，終於走出了連續4年虧損的低谷，這以後，如何重振昔日的雄風，是艾柯卡考慮的首要問題。他根據克萊斯特當時的情況，決定出奇制勝，把「賭注」押在敞篷汽車上。

美國汽車制造業停止生產敞篷小汽車已經10年了，因為時髦的空氣調節器和身歷聲收錄機對於沒有車頂的敞篷汽車來說是毫無意義的，再加上其他原因，使敞篷小汽車銷聲匿跡了。

雖然預計敞篷小汽車的重新出現會激起老一輩駕車人對它的懷念，也會引起年輕一代駕車人的好奇，但克萊斯特大病初愈，再也經不起折騰，為保險起見，艾柯卡採取了「投石問路」

的策略。

艾柯卡指揮工人用手工製造了一輛色彩新穎、造型奇特的敞篷小汽車。當時正值夏天，艾柯卡親自駕駛著這輛敞篷小汽車在繁華的汽車主幹道上行駛。

在形形色色的有頂轎車的洪流中，敞篷小汽車彷彿來自外星球上的怪物，吸引了一長串汽車緊隨其後。幾輛高級轎車利用其速度快的優勢，終於把艾柯卡的敞篷小汽車逼停在路旁，這正是艾柯卡所希望的。

追隨者圍住坐在敞篷小汽車裡的艾柯卡，提出一連串的問題：

「這是什麼牌子的汽車？」

「是哪家公司製造的？」

「這種汽車一輛多少錢？」

艾柯卡面帶微笑地一一回答，心裡滿意極了，看來情況良好，自己的預計是對的。

為了進一步驗證，艾柯卡又把敞篷小汽車開進購物中心、超級市場和娛樂中心等地，每到一處，就吸引了一大群人的圍觀，道路旁的情景在那裡又一次次重現。

經過幾次「投石問路」，艾柯卡心裡有底了。不久，克萊斯特公司正式宣佈將生產男爵型敞篷汽車。消息發佈出去後，美國各地都有大量的愛好者預付定金，其中還有一些女性！結果，第一年敞篷汽車就銷售了2萬3千輛，是原來預計的7倍多。克萊斯特公司大獲其利，實力扶搖直上，再次躋身於美國幾大汽車製造公司之列。

把自己的產品推到顧客面前，讓顧客去發現他的好處，這遠比自己費盡口舌的宣傳更有效力。拿出你的產品，讓顧客去評判，相信你會收穫很多。

把顧客當成真誠的朋友

一個推銷老手曾說，他得到的最有價值的一條推銷經驗就是：與每個顧客都成為朋友。那位成功的推銷人員發現友情經常在交易中成為決定性的因素。也許你有物美價廉的產品，但競爭者的產品可能與你的產品不相上下，這時顧客如何選擇？最後，交易總要落到顧客感覺最好的銷售人員身上。而讓顧客喜歡你的最好辦法就是成為他的朋友。

◎從顧客的性格出發進行溝通

一次，日本推銷大師夏目志郎去拜訪一位綽號叫「老頑固」的董事長。不管夏目志郎怎麼滔滔不絕，怎麼巧舌如簧，他就是三緘其口，毫無反應。

夏目志郎也是第一次接觸到這樣的客人，於是，他用起了激將法。

夏目志郎故作冷漠地說：「把您介紹給我的人說得一點都沒錯，您任性、冷酷、嚴格、沒有朋友。」

這時，這位董事長面頰變紅了，眼望著夏目志郎開始有反應了。

夏目志郎繼續說：「我研究過心理學，依我的觀察，您是面噁心善，寂寞而軟弱的人，您想以冷淡和嚴肅築起一道牆來防止外人侵入。」

這時，董事長第一次露出了笑臉。「我是個軟弱的人，很多時候我無法控制自己的情緒。」

「我今年73歲了，創業成功50年，我是第一次見到像你這樣直言不諱的人，你有個性。是的，我拒絕別人，是為了保護自己，不讓別人靠近我身邊。」

「我想這是不對的。您知道中國漢字中的『人』字是怎麼寫的嗎？『人』這個字，包含著人與人之間相互支持與信賴的意思，任何生意都從人與人的交往產生。人不需偽裝，虛偽的面具會使內容變質。」

他們越聊越投機，最後成了好朋友，當然也成了客戶。

對待客戶要像對待你的朋友那樣，即要尊重顧客，也要以平等身份來處理雙方關係，只有像朋友一樣對待你的客戶，你們才可能成為朋友。

布萊恩．邁耶，1940年出生於美國華盛頓特區。1962年大學畢業後進入一家貿易公司任區域銷售總裁，3年後離職轉入保險推銷業。由於廣闊的人際網路，布萊恩的推銷業績直線上升，1972年正式成為美國百萬圓桌協會會員。

布萊恩在推銷過程中總是盡力地鼓勵和關心客戶，使客戶感到一種溫馨，把他當成知心朋友，這對他的推銷工作產生了積極的作用。十幾年來，他因業務關係而結識的朋友不下數百人，而且大部分都保持聯繫，這又為他的推銷發揮了不可估量的推動作用。

有一次布萊恩去拜訪一位年輕的律師，他對布萊恩的介紹和說明絲毫不感興趣，對布萊恩本人也顯得格外的冷漠。但布萊恩在臨離開他的事務所時不經意說出來一句話，卻意外地使他的態度來了個180度大轉彎。

「巴恩斯先生，我相信將來你一定能成為這一行業中最出色的律師，我以後絕對不再隨便打擾你，但是如果你不介意的話，我希望能和你保持聯繫。」

這位年輕的律師馬上反問他：「你說我會成為這一行最出色的律師，這可不敢當，閣下有什麼指教呢？」

布萊恩非常平靜地對他說：「幾個星期前，我聽過你的演講。我認為那次演講非常精彩，可以說是我聽過的最出色的演講之一。這不僅僅是我一個人的看法，出席大會的其他會員也這樣評價你。」

這些話聽得巴恩斯眉飛色舞，興奮異常。布萊恩早已看得出來，於是乘勝追擊，不失時機地向他「請教」如何在公眾面前能有這樣精彩的演講。他興致勃勃地跟布萊恩大講了一大堆演講的秘訣。

當布萊恩離開他的辦公室時，他叫住布萊恩說：「布萊恩先生，有空的時候希望你能再來這裡，跟我聊聊。」

沒幾年時間，年輕的巴恩斯果然在費城開了一間自己的律師事務所，成為費城少有的幾位傑出律師之一。而布萊恩則一直和他保持著非常密切的往來。跟巴恩斯交往的那些年裡，布萊恩時時不忘告訴他自己對他的崇敬與信心，而他也時時不斷地拿他的成就與布萊恩分享。布萊恩深以朋友的傑出成就為榮，不止一次地對他說：「我早就看出你一定會成為費城最好的大律師。」在巴恩斯的事業蒸蒸日上的同時，布萊恩賣給他的保險也與日俱增，他們不但成了最要好的朋友，而且藉由巴恩斯的牽線搭橋，布萊恩結識了不少社會名流，為他的推銷準備了許多有價值的潛在客戶。

◎真誠地對他人感興趣

在卡姆的眼裡，每一個客戶、每一個親友，對於他來說，都是非常重要的，都是值得關注的。他有一個與眾不同的「絕招」，就是：每年當卡姆的親友或客戶的生日到了的時候，都會收到卡姆的慶賀信函或禮儀電報。

這對於一般人來說，通常是難以做得到的，而卡姆確實做到了。因此，在別人的眼裡，卡姆常常是世界上唯一不會忘記自己生日的人。許多年來，卡姆一直都在刺探他人的「情報」，留心打聽親友和客戶們的生日。

怎樣打聽呢？雖然卡姆不是那種好打聽別人隱私的人，可是在打聽別人生日上卻是例外。因為，卡姆熱衷於「一個人的生辰跟一個人的人生和性情關係的研究」（顯然這是藉口）。因而他會請求親友或客戶們將他們的生辰告訴他。當對方說出某月某日時，卡姆就對自己重複地說著這個日子，等對方一轉身，他就把對方的姓名和生日記下來，事後再轉記到一個生日專用本子上。在每年的年初，卡姆就把這些生日標在他的月曆上。

要知道，一個能夠年年記住自己生日的人，你難道能不感覺到他的可愛和可親嗎？你難道不樂於和這樣的人交朋友、打交道嗎？

對他人感興趣，還要找到客戶感興趣的話題去交流。

在與人交談時，應注意談話的禁忌。交談時最好不要涉及疾病、死亡等不愉快的事，更要注意迴避對方的隱私，如：對婦女的年齡和婚姻情況、男士的收信等私生活方面的問題。對方反感的問題一旦提出，則應表示歉意或立即轉移話題。談話時還應注意不要批評他人，不要譏諷他人，對宗教問題也應持慎重態度。

從牆上掛的照片、桌上擺的書籍、玻璃櫃子裡擺放的對象，你都可以推測出客戶的愛好和情趣，也可以從中找到話題。對一個愛好廣泛、知識面廣的人來說，引人入勝的話題無處不在，推銷人員在擴大自己的適應記憶體方面應做出不懈的努力。

唐德約好與一個企業的業務經理見面。一見面，唐德看到對方是個三十四、五歲的中年人，相貌英俊瀟灑，身體狀況良好，（隨著以後的交往，事實證明這個人的整體素質都非常出色）唐德注意到在辦公室的一個角落裡放著握力棒和啞鈴，唐德心裡暗想，這個人肯定比較喜歡運動健身。寒暄一番後他們進入正題，唐德首先滿懷自信地將公司實力介紹了一下，經理非常有禮貌地低頭傾聽，中間偶爾問幾個問題。在介紹了公司情況和對客戶網站建設的思路之後，唐德借倒水的機會裝作驚訝地發現其健身器具，就說：「經理，怪不得您精神狀態這麼好，原來您經常鍛鍊啊」，這句話產生很好的效果，於是他們的話題離開了業務，用了近兩個小時的時間談身體、談事業、談家庭（中間得知其有個女兒，上初中二年級）、談他們的歷史，期間，唐德以一個後輩的身份時不時地奉承幾句，也時不時故意請教一些問題，更是激發了客戶交流的興趣……

有一位名叫克納弗的推銷人員向美國一家興旺發達的連鎖公司推銷煤，但這家公司的經理彷彿天生討厭克納弗，一見面，就毫不客氣地呵斥道：「走開，別打擾我，我永遠不會買你的煤！」

連開口的機會都不給，這位經理實在做得太過分了，克納弗先生滿面羞慚。但是，他不能錯過這個機會，於是他就趕緊搶著說，

「經理先生，請別生氣，我不是來推銷煤的，我是來向您請教一個問題。」

他誠懇地說：「我參加了個培訓班的辯論賽，經理先生，我想不出有誰比您更瞭解連鎖公司對國家、對人民所做出的巨大貢獻。因此我特地前來向您請教，請您幫我一個忙，說說這方面的事情，幫我贏得這場辯論。」

克納弗的話一下子引起這位連鎖公司經理的注意，他對展開這樣一場辯論，既感到驚訝，又極感興趣。對經理來說，這是在公眾面前樹立連鎖公司形象的大是大非問題，事關重大，他必須為克納弗先生提供有力的證據。他看到克納弗先生如此熱情、誠懇，並將自己作為公司的代言人，非常感動。他連忙請克納弗先生坐下來，一口氣談了一小時又四十七分鐘。

這位經理堅信連鎖公司「是一種真正為人類服務的商業機構，是一種進步的社會組織。」他為自己能夠為成千上萬的人民大眾提供服務而感到驕傲。當他敘述這些時，竟興奮得「面頰緋紅」，「雙眼閃著亮光」……

當克納弗先生大有收穫，連聲道謝，起身告辭的時候，經理起身送他。他和克納弗並肩走著，並伸過臂膀扶搭著克納弗的肩膀，彷彿是一對親密無間的老朋友。他一直把克納弗送到大門口，預祝克納弗在辯論中取得勝利，歡迎克納弗下次再來，並希望把辯論的結果告訴他。

這位經理最後的一句話是：「克納弗先生，請在春末的時候再來找我，那時候我們需要買煤，我想下一張訂單買你的煤。」

克納弗先生做了些什麼？他根本沒提推銷煤的事，他只不過是向經理請教了一個問題，為什麼會得到這麼美滿的結果呢？

克納弗先生抓住了客戶最感興趣的話題，這就是他畢生為之奮鬥、彌足珍貴的事業。克納弗先生對此感興趣，參與其事，就成了那位經理志同道合的朋友。當一個人被另一個人當成朋友看待時，理所當然地會受到關照。朋友，請你牢牢記住：有時候，商業上的成功之道不是刻意推銷，而是打動人心。要打動人心就要關心對方，找到對方最感興趣、利益所在的話題。

◎送給客戶適當的小禮物

日本人最懂得贈送小禮物的奧妙，大多數公司都會費盡心機地製作一些小贈品，供推銷人員初次拜訪客戶時贈送給客戶。小贈品的價值不高，卻能發揮很大的效力，不管拿到贈品的客戶喜歡與否，當他們感覺受到了別人的尊重時，內心的好感必定油然而生。

找合適的機會送給客戶小禮物來溝通與客戶之間的感情。也許客戶非常想參加一場活動，而你有機會得到入場券，那麼給他一張，彼此高興，何樂而不為呢？或者送給客戶一件他早已心儀的小玩意。

但切記一定要在合適的環境下，同時，提出恰當的理由，千萬別讓人感覺你另有所圖。如果禮物被認可，那麼你也會得到稱讚，一旦客戶接受了小禮物，那麼你們就是朋友了。

允許你的客戶為你做同樣的事情。如果你幫助了某人，他可能會以這種方式表示謝意，別拒絕，接收它也為你贏得你的客戶提供了機會。

送客戶禮物的時機很重要。一些適合送禮的時機如：逢年過節、對方獲得晉升、新婚之喜、可愛的寶寶誕生了、喬遷之喜……也可送禮祝賀對方邁入事業的新里程。此外，當自己不小心冒犯他人或遺漏重要的事，可以借著送禮，誠心地表達歉意。當對方遇到不順心的事，透過禮物表達你的關懷與鼓勵吧！雪中送炭的溫暖是錦上添花所無法比擬的。

特別要提醒你的是，當你正在爭取一筆交易，或是當雙方的企劃或合約還在考慮或交涉的階段，絕不是送禮的好時機。畢竟，如果一時的好意卻淪為不名譽的指控，可真是遺憾又掃興了。所以，貼心的禮物請在交易結束後再送出。

至於禮物的分量，則和生意的大小有關。一般而言，完成大生意，送的禮就大些；完成小生意，送的禮就小些。書跟酒都是很好的禮物。建議別送太過私人的物品，例如，送絲巾或領帶還可以；送內衣、珠寶或衣服就不太合適。

無論如何，最重要的是：讓對方感覺到禮物是傳遞你的友誼、愛和溫暖，而不是賄賂。

銷售人員王磊與一個企業的業務經理取得了聯繫，透過第一次交流，王磊瞭解到了兩個重要信息：一是這位經理有個上初中的女兒，並且非常愛他的女兒；二是他自己沒有多少電子商務的知識，想學習又沒有學習的管道。

於是在第二次去拜訪的時候，王磊一口氣買了七本有關電子商務和網路行銷方面的書籍送給經理，當王磊從包裡取出書遞給他的時候，王磊看到了寫在他臉上的驚訝和感動……

第三次去時已經是臨近春節了，中間因為經理經常外出考察等原因，一直也沒有機會再溝通。這次去，王磊帶了一個四百塊錢的快譯通電子詞典去，對他講：現在的孩子英語一定要好，因為將來的用途非常廣泛，所以王磊在力所能及的範圍內給他的孩子做一點幫助。當王磊把電子詞典遞給經理的時候，王磊看到了同樣的感動……

其實，經過兩次接觸，他們成了朋友，書和電子詞典應該算不上什麼禮物，但的確是王磊的一片心意，拋除了業務原因，王磊更願意以朋友的身份來看待這兩份小禮品。當然，合同也簽下來了。

第3章 首席推銷員的習慣

推銷員的工作不只是賣出東西，售後是非常重要的一個環節。善待你的客戶，做好售後工作，受益最大的還是你自己。

售後跟蹤和顧客保持聯繫

賣出商品是第一步，首席推銷員都十分重視售後跟蹤服務。售後和顧客保持聯繫，讓顧客解除後顧之憂是十分必要的做法。

◎好的售後服務是十分重要的

約翰買了一個大房子。房子雖說不錯，但畢竟是一大筆錢，所以自己總有一種買貴了的感覺。幾個星期之後，房產推銷商打來電話，說要登門拜訪，約翰不禁有些奇怪。

星期天上午，房產推銷商來了，一進屋就祝賀約翰選擇了一所好房子。他跟約翰聊天，講了很多當地的小故事。又帶約翰圍著房子轉了一圈，把其他房子指給約翰看，說明約翰的房子有什麼地方與眾不同。他還告訴約翰，附近幾個住戶都是有身份的人。一番話，讓約翰疑慮頓消，得意滿懷，覺得物有所值。那天，房產推銷商表現出的熱情甚至超過賣房的時候。

約翰對那事記憶深刻。約翰確信自己買對了房子，很開心。

房產推銷商用了整整一個上午的時間來拜訪約翰，而他本來可以去尋找新客戶的。他吃虧了嗎？當然沒有。一周之後，約翰的一位朋友來玩，對旁邊的一幢房子產生了興趣。約翰自然介紹了那位房產推銷商。後來朋友沒有買那幢房子，卻從他手裡買了一幢更好的房子。

房產推銷商的銷售無疑是很成功的，他提供了很好的售後服務，不僅解除了約翰心中的疑慮，而且無聲中又贏得了一個客戶。

現代推銷活動，需要樹立這樣一種經營思想：「賣貨要像嫁女兒。」作為一般的父母，把女兒辛勤培育成人，一旦長大總要結婚嫁人。在女兒出嫁之後，父母也要隨時關心她婚後的生活；教育她勤勞持家，孝敬長輩。

對推銷企業和推銷員來說，也要把自己經手的商品看成是費盡心血養育成人的女兒，經常瞭解，「客戶用後是否覺得滿意？」「有沒有發生故障和其他不便？」有時還親自上門傾聽用戶的意見，迅速回饋給有關部門，作為改進產品的參考和依據。

只有重視和加強售後服務，才能更好地進行市場推廣，提高自己在客戶心目中的知名度，這樣便猶如增添了一位無聲的推銷員，為企業和產品招徠更多的「回頭客」。

有些推銷員就像遊牧民族一般，不斷地在逐水草而居，開闢新領地，每天晚上都必須在不同的地點紮營。很少有推銷員注重售後服務，每當達成交易，他們就會說，「謝謝你的眷顧，使我賺進了一筆傭金，如果，你還有什麼需要，可以再打電話給我。」

他們一拿到錢就腳底抹油。從此，客戶再也聽不到這名推銷員的任何訊息，除非，該推銷員還想向這名客戶推銷其他的產品。客戶就像是火爐一般，你必須先點燃它，他們才會給你溫暖，但有太多的推銷員喜歡逆向操作，他要求客戶不斷地向他購物，而自己卻不願多費點力氣去獲得訂單。

◎提供真正的售後服務

推銷人員在售出產品後，為了給以後的工作奠定良好的基礎，他們還應該時刻關心老客戶，保持同他們的良好關係。因為不管他們承認與否，在這方面的任何失誤都會使推銷工作受到損失。而如果客戶對一切都感到滿意的話，他就會成為你的忠實的客戶和朋友，也會給你介紹一些新的客戶。

有人說：推銷是不息的循環，轉動這個循環的輪子就是售後服務，忽視售後服務無異於拆毀循環的輪子。你的事業來自於這個循環，你的業績來自於這個循環，你的推銷生涯來自於這個循環。做好售後服務是一個推銷人員業務可持續發展的基礎。而做好售後服務的關鍵，就是要不斷地回訪老客戶。因為如果銷售人員在一次售出產品後就不再露面，不去拜訪老客戶，他又如何知道客戶的需求、產品的不足，又如何做好售後服務呢？難道事事都要客戶打電話找他，或慢慢地等待他的到來嗎？如果是這樣的話，客戶很可能會失去對這個推銷人員的耐心和信任，甚至從此不再購買他的產品，因為，客戶會懷疑推銷人員的產品的品質，甚至他的為人。

產品賣到客戶手裡，並不等於就萬事大吉了，推銷人員要想真正地得到客戶，就不能忽視售後服務的作用，因為如果售後服務做得不好，客戶遲早會離你而去。

某家電公司推銷人員小王，主要銷售電視機、洗衣機等大件家電產品，每次客戶要貨，小王都會親自將貨送到客戶家裡，按客戶的要求放到客戶認為最合適的位置，如有客戶告知需要維修，小王就會及時趕到，快速高效地修好；而另一家電公司的推銷人員小馬，同樣也實行送貨上門服務，但每一次都是把貨送到門口甚至樓下就不管了，客戶要求上門維修，他卻遲遲不願照面，經過三番五次地催請終於來了，卻修理不到位，修好的電視機沒多長時間就又開始出毛病了。湊巧小王的客戶和小馬的客戶兩家相距不遠，有一次聊天的時候，話題就扯到家電上面，小馬的客戶一聽小王的客戶的介紹，感嘆萬分，經過介紹，小馬的客戶見到了小王，並親身體驗了一下他的售後服務。從那兒以後，小馬的客戶每次遇到親戚朋友需購買電器時，都會把他們介紹給小王。前不久，他的兒子結婚添置的家電產品幾乎都是從小王的公司買的。

某油漆廠用了某化工公司推銷人員小張送的甲苯，出現了品質問題，生產出的油漆剛刷到門上就凝固了。負責人老付打電話告訴小張，讓他過來看一下，小張看了之後發現的確是自己的甲苯有問題，但又不想賠償巨額損失，推脫說回去和經理商量一下解決辦法，結果一去不回。無奈之下，老付只好換了一家化工公司採購甲苯，可是又出現了同樣的問題，無奈只好又打電話到那家化工公司。推銷人員小任接聽了電話，隨後他仔細對甲苯化驗，發現裡邊的甲醇含量過高，就透過自己的公司將剩餘幾桶甲苯換了一下，之後，老付用的甲苯都是小任供給的。

◎長期保持聯繫，解決顧客後顧之憂

解除客戶的後顧之憂，是成交之後與客戶保持聯繫的重要途徑，也是推銷工作中滿足客戶利益的重要環節。

完成交易後，在30天內打電話給你的客戶，看看是否每件事都正常，問問他們有何疑難雜症，是否需要幫助。

有很多推銷員害怕打電話給客戶。因為，他們害怕聽到客戶的抱怨，但如果客戶不快樂，他們仍會向其他人抱怨，你認為客戶是向你抱怨好還是向其他客戶抱怨好呢？

如果，你是第一個聽到他抱怨的人，你可有效地處理抱怨。此時，他們便不會再抱怨自己有多倒楣了，反而會向別人稱讚你是一位頂尖的推銷員。因為，你是真心在幫助他們，而不是只想賺錢而已。有幾家資訊公司曾進行過研究，結果指出那些抱怨獲得處理的客戶，比那些不抱怨的客戶忠誠度更高。

保持定時打電話給客戶問安的習慣，至少，每年你必須打一次電話給客戶，審視他們的需求，看有何改變。

人們經常買新車、新音響、新衣服。隨著家庭成員的增多及成長，他們可能會需要新的保險、新的投資策略及新傢俱。

你甚至可以像牙醫一樣，送一份年度檢核表給客戶，建議他們應該購買什麼必需品。記住，你每打一次電話給客戶，你就多一次獲得新生意的機會，也多了一個獲得推薦客戶名單的良機。

總之，推銷人員在成交之後，還應繼續關心客戶，站在客戶的立場上看待問題、處理問題，使客戶真正感到「買著放心、用著滿意」。這是成功推銷人員的共同經驗，也是所有推銷人員應遵循的職業準則。

各種推銷的區別並不僅僅在於產品本身，最大的成功取決於所提供的服務品質。推銷人員的薪水都來自那些滿意的客戶提供的多次重複合作和仲介介紹。事實上，如果你堅持為客戶提供優質的售後服務，從兩年以後起，你所有交易的80％都可能來自那些現有的客戶。否則，你就可能永遠也不能建立與客戶之間的牢固關係及良好信譽。那種不提供服務的推銷人員每向前走一步，可能就不得不往後退兩步。

從長遠看，那些不提供服務或服務差的推銷人員註定前景黯淡。他們必將飽受挫折與失望之苦，他們中的很多人不可避免地會為了養家糊口而從早到晚四處奔忙。就是這些推銷人員忽視了打牢基礎的重要性，他們發現自己每年都像剛出道的新手一樣疲於奔命、備受冷遇。所以，對顧客提供最好的、全力以赴的售後服務並不是可有可無的選擇；相反，這是推銷人員要生存下去的至關重要的選擇。

讓自己看起來與眾不同

人人都有喜新厭舊的心理，如果你與眾不同，一定能夠脫穎而出。

◎與眾不同的魅力

兩位青年一同開山，一位把石塊砸成石子運到路邊，賣給建房的人；另一位直接把石塊運到碼頭，賣給杭州的花鳥商人。因為這兒的石頭大都奇形怪狀，他認為賣重量不如賣造型。3年後，將石塊賣給花鳥商人的青年成了村上第一個蓋起瓦房的人。

後來，不許再開山瞭解，只許種樹，於是這兒便成了果園。每到秋天，漫山遍野的鴨梨招徠八方客商，他們把堆積如山的梨子成筐成筐地運往北京和上海，然後再發往韓國和日本。因為這兒的梨，汁濃肉脆，香甜無比。

就在村上的人為鴨梨帶來的小康日子歡呼雀躍時，曾將石頭賣給商人的那位果農賣掉果樹，開始種柳了。因為他發現，來這兒的客商不愁挑不到好梨子，只愁買不到盛梨子的筐。5年後，他成了村裡第一個在城裡買房的人。

再後來，一條鐵路從這兒貫穿南北，這兒的人上車後，可以北到北京，南抵九龍。小村對外開放，果農們由單一的賣果開始談論果品加工及市場開發。就在一些人開始集資開工廠的時候，還是那位村民，在他的地頭砌了一垛3米高、百米長的牆。這垛牆面向鐵路，背依翠柳，兩旁是一望無際的萬畝梨園。坐車經過這兒的人，在欣賞遍野的梨花時，會突然看到四個大字：可口可樂。據說這是百里山川中唯一的廣告，那垛牆的主人憑藉這垛牆，第一個走出了小村，因為他每年有4萬元的廣告收入。

20世紀90年代末，日本豐田公司亞洲區代表山田信一來華考察，當他坐火車路過這個小山村時，聽到這個故事後，他被主人公罕見的商業頭腦所震驚，當即決定下車尋找這個人。

當山田信一找到這個人的時候，他正在自己的店門口與對門的店主吵架，因為他店裡的一套西裝標價800元的時候，同樣的西裝對門標價750元，他標價750元的時候，對門就標價700元。一月下來，他僅批發出8套西裝，而對門那家卻批發出了800套。

山田信一看到這種情形，非常失望，以為被講故事的人欺騙了。當他弄清對門的那個店也是他的真相之後，立即決定以百萬年薪聘請他。

商品經濟大潮中，存在著無限商機，只有先人一步，與眾不同，你才更有競爭力。無論到什麼情況，比別人突出，與眾不同都能給你帶來好處。

卡耐基小時候家裡窮，一天，他放學回家時經過一個工地，看到一個衣著華麗、像老闆模樣的人在那兒指揮。

「你們在蓋什麼？」他走上前去問那位老闆模樣的人。

「蓋幢摩天大樓，給我的百貨公司和其他公司使用。」那人說。

「我長大後要怎樣才能像您一樣？」卡耐基以羡慕的口吻問道。

「第一要勤奮工作……」

「這我知道，第二呢？」

「買件紅衣服穿！」

聰明的卡耐基滿臉狐疑：「這……這和成功有什麼關係？」

「有啊！」那人順手指了指前面的工人，「你看他們都是我的員工，但都是清一色藍衣服，所以我一個都不認識……」說完他又特別指向其中一個人：「但你看那個穿紅襯衫的工人，我長時間注意到他，他的身手和其他人也相差不多，但我認識他，所以我過幾天就請他做我的副手。」

如果你想引起別人的注意，就要與眾不同。與眾不同的外表並不是要你很另類，而是說你必須要以自己的不同之處引起別人的注意而已。如果你追求的是另類，那麼可能還會適得其反。

◎做些不普通的事

有一位推銷員，總是隨身帶著鬧鐘。

當談話一開始，他便說：「我打擾您5分鐘。」然後將鬧鐘撥到5分鐘的時間。時間一到，鬧鐘便發出聲響。這時，他便起身告辭：「對不起，5分鐘時間到了，我應該告辭了。」

如果雙方洽談順利，對方會建議繼續談下去。

那麼，他便會說：「那好，我再打擾您5分鐘。」於是鬧鐘又撥了5分鐘。

大部分顧客第一次聽到鬧鐘的聲音，很是驚訝。

他便耐心地解釋：「對不起，是鬧鐘聲，說好打擾您5分鐘，現在時間到了。」

顧客對此的反應是因人而異，但絕大部分會說：「嗯，你真守信。」

不管採取什麼方式，最重要的一點是要讓客戶覺得：與別的推銷員相比，你很守信，你言行一致，你與眾不同。

喬·吉拉德曾被吉尼斯世界記錄譽為「世界上最偉大的推銷員」。其獨創的巧妙的推銷方法，被世人廣為傳誦。

喬·吉拉德把所有新近認識的人都視為自己潛在的客戶，對這些潛在的客戶，他每年大約要寄上12張賀卡，每次均以不同的色彩和形式投遞，並且在信封上盡量避免使用與他的行業相關的名稱。

一月份，他以一幅精美的喜慶氣氛圖案作為賀卡封面，同時配以「恭賀新禧」幾個大字，下面是一個簡單的署名：「雪佛萊轎車，喬．吉拉德上。」此外，再無多餘的話，也絕口不提買賣的事。

二月份，賀卡上寫的是：「請您享受快樂的情人節！」下面仍是簡短的署名。

三月份，賀卡寫的是：「祝你巴特利庫節快樂」，巴特利庫節是愛爾蘭人的節日。也許你是波蘭人或是捷克人，但這都無關緊要，關鍵是他不忘向你表示節日的祝福。

然後是四月、五月、六月……

不要小看這幾張小小的賀卡，它們所起的作用並不小。不少客戶一到節日，往往會問夫人：「過節有沒有人來信？」

「喬．吉拉德又寄來一張卡片！」

這樣一來，喬．吉拉德每年就有12次機會把名字在愉悅的氣氛中來到每個家庭。

喬．吉拉德從沒說一句：「請你們買我的汽車吧！」但這種不講推銷的推銷，反而給人們留下了最深刻、最美好的印象。等到他們打算買汽車的時候，往往第一個想到的就是喬．吉拉德。

喬．吉拉德的與眾不同，讓他的客戶在買汽車時第一個想到的就是他，這是推銷的最高境界了。

◎要的就是與眾不同

就在進入大學念書的第一個學期前不久，普賴爾開始推銷魯克斯公司的真空吸塵器。那時候，公司裡推銷員大多靠挨家挨戶地上門推銷來拉生意。雖然當時普賴爾年僅18歲，但沒用多長時間，他就從工作中體會到：越是拋頭露面，眾人皆知，他銷出去的產品就越多。這就意味著，普賴爾得想方設法讓盡量多的人認識普賴爾，認可普賴爾，從而使他們一旦決定購買真空吸塵器，立刻就想到普賴爾。

普菜爾的汽車就是他的辦公室。在幹了18個月之後，普賴爾決定買一輛貨車。普賴爾認識到，每天的推銷就好比打仗，如果既有槍砲，又有充足的彈藥，他就會無往不勝，普賴爾的貨車總是裝滿了各種各樣的真空吸塵器樣品，包括不同種類的儲塵罐、吸塵杆和商用機器。普賴爾還備有甚至包括地毯清洗劑、地板蠟、刷子等在內的存貨和說明書的詳細清單，就是這樣，無論人們想要什麼，普賴爾總能拿出適當的商品提供給他們。

最重要的是。普賴爾是一名積極的推銷員。他總是力圖讓人們認識到他所做的一切都是為了讓人們生活得更加美好、舒適。在貨車上、普賴爾刷上醒目的標識：「魯克斯銷售與服務——

普賴爾」。自然上面也有普賴爾的電話號碼。普賴爾的戰略是要讓所有的人都看到它、注意它，記下電話號碼，甚至最好招手讓普賴爾把車停在路邊。那樣他就獲得了向他們推銷的機會。

普賴爾相信，售後服務在今天的工業社會中至關重要。要想成為一個聲名卓著的「魯克斯人」，普賴爾認為自己的突破點就在這裡。無論城裡或鄉下，人們都能看到普賴爾的貨車。他們知道，一旦需要服務時，普賴爾就會立刻出現。

一天晚上，普菜爾和另外大約40名魯克斯公司的推銷員參加了在假日館舉行的每日動員大會。與會者中，唯有普賴爾帶著自己的貨車，很多人因此取笑普賴爾。會議在晚上11點鐘結束，當普賴爾向停車地點走過去時，一位女士走近普賴爾。「這就是你的魯克斯貨車？」她問道。

「是，夫人。」

「這個主意可真不賴。」她接著說，「你是賣魯克斯公司的機器呢，還是僅僅為他們的產品提供服務的？」

「不，就是上面寫的啦，銷售和服務普賴爾都做。」

「真是太好了，我是這個旅館的經理，你這裡有些機器我們還是很用得上的。」

那天晚上，普賴爾拿下了一張有15套產品的訂單，到那時為止，這是普賴爾所獲得的最大訂單。在那次交易後，多年以來，普賴爾一直為這家旅館提供各種各樣的商品及相關服務。推銷中我們需要的就是與眾不同。真正讓自己的產品或服務達到與眾不同了你離成功也就很近了。

顧客眼中的完美推銷員

推銷員要不斷完善自我，推銷員要盡量完美在顧客心中的形象，為以後推銷工作的順利進行鋪平道路。

◎瞭解顧客對你的評價

一個替人割草打工的男孩讓他的室友打電話給李太太：「您需不需割草工？」

李太太回答：「不需要了，我已經有割草工了。」

室友又說：「我會幫您拔掉花叢中的雜草。」

李太太回答：「我的割草工已做到了。」

室友接著說：「我會幫您把草與走道的四周割齊。」

李太太說：「我請的那人也已經做了，謝謝你，我真的不需要新的割草工。」

室友便掛了電話，此時男孩的室友問他：「你不就是李太太那裡的割草工嗎？為什麼還要打這個電話？」男孩說：「我只是想知道我的客戶還有什麼需求！」

男孩透過這個電話知道了客戶對自己的看法，如果有不足他一定會完善自身，這是很好的一個方法。

◎與顧客道別的藝術

俗話說：「天下沒有不散的宴席。」推銷工作進行到成交階段以後，不管雙方的購銷交易能否順利達成，推銷人員都應當適時與客戶道別。

完美的道別能為下一次接近奠定基礎，創造條件。買賣雙方的分手，只是做好善後工作的開始。因此，無論成交與否，都應保持從容不迫、彬彬有禮的態度。聰明的推銷人員不管成交與否，往往在與客戶分手時都要進一步修整和鞏固一下雙方的關係。

在與客戶道別時，要求推銷人員面對客戶，在態度上有誠懇的表示，在言辭上有得體的話語，在行為上有禮貌的舉止。從這一點上來看，與客戶道別與其說是一種推銷工作方式，倒不如說是一種推銷策略。就推銷活動的結局分析，推銷人員應該區別對待達成交易與未達成交易這兩種不同的情況，採取相應的舉措。

第一種是達成交易後的道別。

達成交易，意味著推銷人員達到了推銷工作的目的，但不是大功告成，萬事大吉。成交後要特別注意離開現場的時機。推銷人員是否立刻離開現場需酌情而定，關鍵在於客戶想不想讓你留下。有人說，成交後迅速離開，可以避免客戶變卦；其實不然，如果推銷工作做得扎實，客戶確信購買的商品對自己有價值，不想失去這個利益，一般是不會在最後一分鐘改變主意的。但若未讓客戶信服，即使推銷人員離開現場，他也會取消訂單。因此，匆忙離開現場往往使客戶產生懷疑，尤其是那些猶豫不決，勉強做出購買決定的客戶，甚至會懊悔已做出的購買決定，或者變卦，或者履行合同時設置障礙，使交易變得困難重重。

應當認識到，成交以後買賣雙方的分手，並不是生意的結束，而是下次生意的開始，所以，成交以後推銷人員匆忙離開現場或表露出得意的神情，甚至一反常態，變得冷漠、高傲，都是不可取的。達成交易後，推銷人員應用恰當的方式對客戶表示感謝，祝賀客戶做了一筆好生意，讓客戶產生一種滿足感，對此點到即可。隨即就應把話題轉向其他，如具體地指導客戶如何正確地維護、保養和使用所購的商品，重複交貨條件的細節等。在客戶簽名時，還應不緊不慢地繼續與客戶友好交談。簽約後，不宜長久逗留，只要雙方皆大歡喜，心滿意足，這種熱情、完滿、融洽的氣氛是離開現場的最好時機。

第二種是未達成交易後的道別。

對於推銷人員來說，無論是否成交，態度都應始終如一，這一點並不容易做到。在推銷失敗後，依然要對冷冰冰的客戶露出微笑，並表示友好，確實需要高超的技藝。但這樣做是為了長遠利益，是為了下一次交易，因為新的生意可能就由此而產生。合格的推銷人員必須具備承受失敗的能力。當生意未成而告別時，應避免以下三種態度：蔑視對方，惱羞成怒，自暴自棄。

推銷人員費了九牛二虎之力，沒能與客戶達成交易，難免感到沮喪，並在表情上有所流露，言行無禮。沒談成生意，不等於今後不會再談成生意。生意場上有一句至理名言：「生意不在情義在。」雖然沒有談成生意，但溝通了與客戶的感情，留給客戶一個良好的印象，那也是一種成功——你為贏得下次生意的成功播下了種子。國內外推銷專家忠告，只要推銷人員在道別行為上給客戶留下一個良好形象，仍會有希望與客戶建立起業務上的交往關係。因此，推銷人員即使在未達成交易的情況下，也要注意道別的技巧，講究道別的策略。

巧妙的把握成交一刻

成交一刻，是推銷員最激動的一刻，巧妙把握成交一刻，夢想才能成真。

◎欲擒故縱，放長線釣大魚

有一個女推銷員推銷價格相當高的百科全書，業績驚人。同行們向她請教成功秘訣，這位美麗的女推銷員說：「我選擇夫妻在家的時候上門推銷。手捧全書先對那位丈夫說明來意，進行推銷。講解結束後，總要當著妻子的面對丈夫說：你們不用急著做決定，我下次再來。這時候，妻子一般都會做出積極反應。」

相信搞過推銷的人大都有同感：讓對方下定決心，是最困難的一件事情。特別是要讓對方掏錢買東西，簡直難於上青天。半路離開推銷這一行的人，十有八九是因為始終未能掌握好促使對方下決心掏錢的功夫。在推銷術語中，這就是所謂的「促成」關。

古代中國人說：「窮寇莫追。」俗話說得好：「兔子急了也會咬人。」在對方仍有一定實力時，逼得太急，只會引起對方全力反撲，危及自己。因此，高明的軍事家會使對手消耗實力，喪失警惕，鬆懈鬥志，然後一舉擒住對手。以「縱」的方法，更順利地達到「擒」的目的，效果自然極佳，但若沒有絕對取勝的把握，絕不能縱敵。貓抓老鼠，經常玩「欲擒故縱」的把戲，就是因為貓有必勝的能力。

人和電腦不同，人是由感情支配的，除了一些特殊的人外，一般人在做出某種決定時，難免再三考慮，猶豫不決。如果這個決定需要他或她掏腰包，更是躊躇再三。這種時候，就要其他人給他或她提供足夠的資訊，促使他或她下決心，推銷員就要充當這樣的人。要想順利成交還需要推銷員去積極促成。

不過，人都有自尊心，不喜歡被別人逼得太過分，不願意「迫不得已」就範，「欲擒故縱」，就是針對這種心理設計的一種計謀。

當對方難以做出抉擇，或者抬出一個堂皇的理由拒絕時，該怎麼辦？

「這件藝術品很珍貴，我不想讓它落到附庸風雅、不懂裝懂的人手裡。對那些只有一堆鈔票的人，我根本不感興趣。只有那些真正有品味，真正熱愛藝術，真正懂得欣賞的人，才有資格擁有這麼出色的藝術珍品。我想……」

「我們準備只挑出一家打交道，不知道你夠不夠資格……」

「這座房子對你來說，可能大了一點，也許，該帶你去別的地方，看一看面積小一點的房子。那樣，你可能感覺滿意一點。」

具體促成時的方法更是數不勝數。在恰當時機，輕輕地把對方愛不釋手的商品取回來，造成對方的「失落感」，就是一個典型的欲擒故縱例子。還有，讓對方離開尚未看完的房子、車子，都是欲擒故縱。採用這一類動作時，掌握分寸最為關鍵，千萬不能給人以粗暴無禮的印象。

適時的表示「信任」也是一種極好的方法。

「挺好的，可惜我沒帶錢。」

「你沒帶錢？沒關係，這種事情很正常嘛。其實，你不必帶什麼錢，對我來說，你的一個承諾比多少錢更可靠。在這兒簽名就行了。我看過的人多了，我知道，能給我留下這麼好印象的人，絕不會讓我失望的。簽個名，先拿去吧。」

美國超級推銷員喬．吉拉德擅用製造成就感。

「我知道，你們不想被人逼著買下東西，但是我更希望你們走的時候帶著成就感。你們好好商量一下吧。我在旁邊辦公室，有什麼問題，隨時叫我一下。」

你也可以顯示對對方的高度信任，尊重對方的選擇，讓對方無法翻臉，並幫助對方獲得成就感。表面上的「賒帳成交」即屬於此。

「拿一百元買個東西，卻只想試一試？對你來說可能太過分了。既然你對這種商品的效用有點疑慮，那麼我勸你別要這麼貴的。你看，這是五十元的，分量減半，一樣能試出效果，也沒白跑一趟。反正我的商品不怕試不怕比。」

勇敢的提出反對意見，也許客戶反而更容易成交。

◎有效激發別人的認同

每年一到六、七月份，從學校畢業的莘莘學子紛紛投入職場。雅蘭是某大學會計專業畢業的學生，在校成績不差且自信心也相當強，畢業之後去應徵一家貿易公司的會計職位。當經理看完她的簡歷後只對她說了一句話：「對不起，我們只請有經驗的員工。」

雅蘭乍聽雖然有一些難過，但但馬上回應：「如果每一家公司都要找有經驗的會計，那麼每年畢業的人如何找得到工作，又怎麼會有工作經驗呢？」此話一出，當場使得經理一陣沉默，於是雅蘭得到了這份工作。這個例子正是運用了能夠激發別人認同的關鍵字語來達到預期的目的。求職者可以這樣做，推銷員對客戶也可以如此。

當初由印度隻身進入中土傳道的禪宗始祖達摩祖師，在傳道的過程中有一連串的傳說。達摩來到一個寺廟，看到眾僧人紛紛進入禪房閉關靜修，這種方式稱為坐禪。達摩一時好奇跟了進去，只見剛開始時大家還能維持清靜，但是一段時間之後，許多僧人就開始不耐煩了，有人甚至打起瞌睡。此時達摩轉身問一位小和尚說：「坐禪所求為何？」小和尚回答：「可以成佛。」

達摩聽完之後一言未發起身離開。不久之後，這些僧人聽到隔壁房間傳來陣陣磨石的聲音，而且聲音越來越刺耳。眾僧人忍受不住，紛紛起身前往察看，卻見達摩拿著一片瓦片在地上不停地來回摩擦，眾人十分疑惑，不知達摩為什麼這麼做。此時達摩抬起頭說：「我要將瓦片磨成一面鏡子。」眾僧人聽到後一片譁然，認為達摩無異於癡人說夢。達摩起身向眾僧人說：「磨瓦既然不能成鏡，坐禪又豈能成佛呢？」眾人於是得到啟示。

過度執著於一種觀念或方法，而不去瞭解更深一層的意境，到頭來坐禪依舊只是坐禪，瓦片依然只是瓦片，一切都只是在原地踏步而已。禪宗講求的是頓悟的功夫，就是利用某些事物的引申，探討真理的所在，不論是一個動作或一句話都可以刺激人們，使人獲得衝擊性的答案，進而影響其觀念思想。

推銷員運用推銷技巧時，如果可以運用禪宗的原理，在關鍵時刻以語言有效地衝擊客戶的需求，借此化解客戶心中對商品的疑慮，或讓客戶認同公司穩健經營的作風，增加客戶對售後服務的信心等等，使其產生正面的回應，能讓推銷更加成功。有時，只是很輕鬆地幾句話就可以達到四兩撥千斤的效果。

◎認真把握成交訊息

在不同的推銷活動中，成交時機的到來常常會伴隨著許多特徵變化和相關訊息。作為一名推銷員應當及時瞭解並捕捉客戶的購買訊息，領會客戶有意無意間流露出來的各類暗示。透過察言觀色，根據客戶的說話方式和面部表情的變化，判斷出客戶真正的購買意圖。

客戶的購買訊息具有很大程度的可測性，客戶在已決定購買但尚未採取購買行動時，或已有購買意向但不十分確定時，常常會不自覺地表露其內在心態。在大多數情況下，客戶決定購買的訊息透過行動、言語、表情、姿勢等管道反映出來，推銷人員只要細心觀察便會發現。

最能夠直接透露購買訊息的就是客戶的眼神，若是商品非常具有吸引力，客戶的眼中就會顯現出美麗而渴望的光彩。例如當推銷員說到使用這一項商品可以獲得可觀的利益，或是節省大額金錢時，客戶的眼睛如果隨之一亮，就代表客戶的認同點是在獲利上，此時客戶正顯露出他的購買訊息。

你將宣傳資料交給客戶觀看時，若他只是隨便地翻看後就把資料擱在一旁，這說明他對於你的資料缺乏認同，或是根本沒有興趣。反之，若見到客戶的動作十分積極，彷彿如獲至寶一般地頻頻發問與探詢，則是已經浮現購買訊號。

當客戶由堅定的口吻轉為商量的語調時，就是購買的訊號。另外，當客戶由懷疑的問答用語轉變為驚嘆句用語時也是購買的訊號。

例如：你們的產品可靠嗎？你們的服務做得好嗎？等問句，如果變成使用你們產品之後有沒有保障呢？必須多久保養一次？

也都透露出客戶在認同產品後，心中想像將來使用時可能產生的迷失，因此會以問題來替代疑惑，而呈現想要購買的前兆。

當客戶為了細節而不斷詢問推銷員時，這種一探究竟的心態，其實也是一種購買訊號。如果推銷員可以將客戶心中的疑慮一一解釋清楚，而且答案也令其滿意，訂單馬上就會到手，怕就怕有些客戶會問一些不著邊際的話來逗你、讓你疲於奔命，或是問一些十分艱澀的問題，企圖用問題來打垮推銷員的信心，此時推銷員必須憑著經驗判斷客戶的用意，並在很快的時間內轉移話題，再導入推銷之中，才能繼續運用先前所努力的成果。

在生意場上，一位傑出的推銷員應當在推銷活動的始終時刻注意觀察客戶，學會捕捉客戶發出的各類購買訊息，只要訊息一出現，就要迅速轉入敦促成交的工作。有些推銷員認為不把推銷內容講解完畢，不進行操作示範就不能使客戶產生購買欲望，也做不成一樁買賣，這是片面之見。

其實，客戶對產品的具體要求不同，推銷產品對其重要程度也有異，因而客戶決定購買所需的時間也不同。推銷人員只有時刻注意，認真細緻，才不會失去機會。

在推銷成交階段，應根據不同客戶、不同時間、不同情況、不同環境，採取靈活的敦促方式，對不同的購買訊息施以相應的引導技巧，從而保證圓滿成交。

成交之後的再成交

一次成交只是一個小成功，只有成交之後再成交，才是推銷成功之道。

◎推銷的最高境界

一個朋友講了前段時間他到一個茶莊買茶的經過。這個朋友雖然喝茶已有20年的歷史，可是對茶葉並不內行，他唯一的概念就是：越貴的一定越好。

一走進店內，他就向店主說：「老闆，買一斤綠茶，要最貴的。」店主看了看說：「別急，先倒三杯您嚐嚐，最貴的不一定合您的口味。」說完，老闆倒了三杯不同的茶請朋友品嘗，然後，他問哪一種最合意。

最後，朋友告訴他中間那一杯最甜，於是，朋友買了中間那一種茶：一斤八百元。

店主在結帳時告訴他說：「貴，並不一定是最好的，我店裡的綠茶最貴的是一斤兩千元，也就是您品嘗過的第一杯。茶的好壞要由顧客自己去決定，您認為最合口味的，那就是最好的，哪怕一斤兩三百元。」

從此，這位朋友便時不時地光臨這家老茶莊茶業。而且還把故事講給朋友們聽，好多朋友也都成了這家茶店的常客。

最成功的推銷是從長遠考慮，不賺一時之利，為顧客找出最適當最好的產品，往往能賺得顧客一生的光顧。

並不是每個顧客都需要高級產品和買得起高級產品，買得起高級產品的顧客也並不是只需要和永遠需要高級產品。雜貨店的老闆不會需要大型、高精密度的和每秒運轉速度達十億次的電子電腦，他也不一定買得起這樣的電腦。即使他買了你的電腦，也不會給他帶來比一台計算器更多的益處。你向他推銷這種電腦只是給老闆造成了不必要的負擔和損失。

為顧客著想，總的來說是不要總向他們推銷高級次的產品。如果你對此不注意，不重視，顧客就會懷疑你的推銷動機，就會認為你之所以這樣做完全是為了增加個人收入。在同時向顧客推銷幾種產品的情況下，不要一開口就介紹你的高級產品。但是，如果你從蛛絲馬跡中發現顧客確實需要某種高級產品時，就應該不失時機地向顧客介紹。

其次在價格上漲時要事先向顧客打招呼。

千萬不要不向顧客打招呼就突然宣佈你的產品價格上漲。如果你的一位常客一直向你訂購產品，而你的產品價格需要調高，就應當儘快告訴他，並且要向他講清楚調高價格的理由，如果你事先不把漲價的事告訴顧客，直到他拿到付款通知單時才讓他知道，他就會發牢騷，以至失去對你的信任。

推銷員必須要信守諾言。

君子一言，駟馬難追。你要以自己的言行博得顧客對你的信任，並且相信他的權益也會由於你信守諾言而得到保護。令人痛心的是，許多保證不過是一紙空文。如果書面保證在執行中受到限制，你應當提前向顧客解釋清楚。

◎時刻為顧客著想

有一家服裝店，有個女老闆叫瑪麗，她是學心理學專業的。

有一次，瑪麗接待了一位年輕的女顧客。

那女士說：「我想買一件最有刺激性的禮服，我要穿上它去甘迺迪中心，讓每個見了我的人連眼珠子都要掉出來。」

瑪麗說：「我這兒有件很刺激性的禮服，不過是為那些缺乏自信心的人準備的。」

「缺乏自信心的人？」

「是啊，您不知道有些女人常常想穿這樣的服裝來掩蓋她們的自信心不足嗎？」

女士生氣了：「我可不是缺乏自信的人！」

「那您為什麼要穿上它去甘迺迪中心，讓所有人都羨慕得連眼珠子都要掉出來呢？難道您不能不靠衣服而靠自身的美去吸引人嗎？您很有風度，也很有魅力，可您卻要掩蓋起來。我當然可以賣給您這件最時髦的禮服，使您出出風頭，可您就不想想，當人們停住腳步看您時，是因為衣服，還是因為您自身的吸引力？」

聽到這裡，那位女顧客想了想說：「是啊，我幹嗎要花錢買大家幾句恭維話呢？真的，這些年我一直缺乏自信心，可我竟然還沒意識到這點，我應該對您表示感謝！」

不過，儘管瑪麗小姐這樣地「不願賺錢」，可服裝店還是顧客盈門，來的大多是當年被「拒之門外」的客人，這些「回頭客」和慕名而來的顧客，使服裝店的生意越來越紅火。

推銷的上乘之道就是為顧客著想，如果你的眼睛僅僅盯著你的錢袋，那麼你永遠都成不了頂級推銷員。

◎感謝你的客戶

銷售完以後，給你的客戶寫一封謝函，感謝你的客戶，這樣你會擁有一生取之不竭，用之不盡的財富。

一封謝函便可決定推銷員的將來，或許你聽了這話，會覺得可笑，不以為然，認為不可能。但這是事實。

如果你只想安穩地做個普通推銷員的話，這種寄致謝函的事，你大可不必理會。但你如果不為此滿足，想在工作方面求得更好的表現進而嶄露頭角，打出自己的一片天下，或者想在公司求得更優秀的職位的話，多多感謝別人，你的夢想會有實現的可能的。

推銷員被歸類為動口不動手的人。看看你身邊的推銷員，除了公司所必需提出的報告外，有幾個人提過筆？大部分的人連張明信片都懶得寫，所以，要和別人競爭，這是重點，也是你能贏得勝券的王牌之一。

張強32歲，為房地產推銷員，自學校畢業已8個年頭，一直都在推銷界服務。他每天都要和8至10的客戶接觸。對這些人，他都寄上一張感謝函。畢竟對這些客戶而言要購買昂貴的商品，必須詳細考慮哪家建築公司較好，若各公司的商品及價格相距不大的話，貨比三家後，可能就會以推銷員對自己的親切程度作為考慮的一個大前提了。

張先生在訪問的當天便寫了致謝函。對客戶能在百忙之中抽空和自己會面，使自己的公司能在建築業中有一席之地表示感謝。客戶在今後有任何購買決定時，自己能幫得上忙……對客戶傳達這些情形及表示自己的心意，讓客戶瞭解自己的態度，明白自己是一個親切有禮，守信用的人，是非常重要的。很多推銷員都忽略了「信用」這一最重要的方面，而這重要的制勝條件，只需一張明信片便可取得。

寄了一張致謝卡，可保有許多的潛在客戶及有力的預定客戶，並使業績保持一定的水準。原來的客戶也會向其他客戶推薦，源源不絕的客戶便會自動找上門來。張先生說，像他這種不動產的房屋推銷員，唯有以有希望預定的客戶數來決定勝負。這句話，對於任何行業都是適用的，而不僅僅是不動產的推銷員。

假使你的前輩或上司中，也有認真寫致謝函的人，可以問問其效果如何？多半的答案是：這是我一生取之不竭，用之不盡的財富。

不為失敗找藉口

再妙的藉口對於事情本身也沒有絲毫的用處。許多人生中的失敗，就是因為那些一直麻醉我們的藉口。

◎成功拒絕藉口

一個漆黑、涼爽的夜晚，坦桑尼亞的奧運馬拉松選手艾克瓦裡吃力地跑進了墨西哥市奧運體育場，他是最後一名抵達終點的選手。

這場比賽的優勝者早就領了獎盃，慶祝勝利的典禮也早已結束，因此艾克瓦裡一個人孤零零地抵達體育場時，整個體育場已經幾乎空無一人。艾克瓦裡的雙腿沾滿血污，綁著繃帶，他努力地繞完體育場一圈，跑到終點。在體育場的一個角落，享譽國際的紀錄片製作人格林斯潘遠遠看著這一切。接著，在好奇心的驅使下，格林斯潘走了過去，問艾克瓦裡為什麼這麼吃力地跑至終點。

這位來自坦桑尼亞的年輕人輕聲地回答說：「我的國家從兩萬多公里之外送我來這裡，不是叫我在這場比賽中起跑的，而是派我來完成這場比賽的。」

沒有任何藉口，沒有任何抱怨，職責就是他一切行動的準則。

不找任何藉口看似冷漠，缺乏人情味，但它卻可以激發一個人最大的潛能。無論你是誰，在生命中，無需任何藉口，失敗了也罷，做錯了也罷，再妙的藉口對於事情本身也沒有絲毫的用處。許多人生中的失敗，就是因為那些一直麻醉著我們的藉口。

「要成功，就不要給自己尋找藉口」，不要抱怨外在的一些條件，當我們抱怨的時候，實際上是在為自己找藉口。而找藉口的唯一好處就是安慰自己：我做不到是有原因的。但這種安慰是致命的。它暗示自己：我克服不了這個客觀條件造成的困難。在這種心理暗示的引導下，就不再去思考克服困難、完成任務的方法，哪怕是只要改變一下角度就可以輕易達到目的。

不尋找藉口，就是永不放棄；不尋找藉口，就是銳意進取……要成功，就要保持一顆積極、絕不輕易放棄的心，盡量發掘出周圍人或事物最好的一面，從中尋求正面的看法，讓自己能有向前走的力量。即使終究還是失敗了，也能汲取教訓，把失敗視為向目標前進的踏腳石，而不要讓藉口成為我們成功路上的絆腳石！所以，千萬不要找藉口！把尋找藉口的時間和精力用到努力工作中來，因為工作中沒有藉口，人生中沒有藉口，失敗沒有藉口，成功屬於那些不尋找藉口的人！

對於企業來說，這更應該是始終堅守的理念。企業需要沒有藉口的員工，有多少人把寶貴的時間和精力放在了如何尋找一個合適藉口上，而忘記了自己的職責和責任？尋找藉口只是把屬於自己的過失掩飾掉，把自己應該承擔的責任轉嫁給社會或他人。這樣的人，在企業裡不會成為稱職的員工，也不是企業可以期待和信任的員工；在社會上不是大家可信賴和尊重的人。這樣的人，註定只能是一事無成的失敗者。

當自己犯下錯誤，或者自己毫無過錯，而上司、同仁、家人、朋友、客戶卻有抱怨的時候，不需要去爭辯，應當用心去聽取，認真去反思為什麼會出現這樣的情況，反求諸己，有則改之，無則加勉。

失敗了，不要把過多的時間花費在尋找藉口上。再美妙的藉口對事情的改變又有什麼用呢？不如仔細想一想，下一步究竟該怎樣去做。反過來說，面對失敗，如果將下一步的工作做好了，轉敗為勝也不是沒有可能，這樣一來，藉口也就沒有意義了。在實際的工作中，我們每一個人都應當貫徹這種「沒有藉口」的思想。

藉口是一種不好的習慣，一旦養成了找藉口的習慣，你的工作就會拖遝、沒有效率。拋棄找藉口的習慣，你就不會為工作中出現的問題而沮喪，甚至你可以在工作中學會大量的解決問題的技巧，這樣藉口就會離你越來越遠，而成功離你越來越近。

福特汽車的創始人亨利．福特，在製造著名的V-8汽車時，他明確指出要造一個內附8個汽缸的引擎，並指示手下的工程師們馬上著手設計。

但其中一個工程師卻認為，要在一個引擎中裝設8個汽缸是根本不可能的。他對福特說：「天啊，這種計簡直是天方夜譚！以我多年的經驗來判斷，這是絕對不可能的事。我願意和您打賭，如果誰能設計出來，我寧願放棄一年的薪水。」

福特先生笑著答應了他的賭約。他堅信自己的設想：「儘管現在世界上還沒有這種車，但無論如何，我想只要多搜集一些資訊，並把它們的長處廣泛地加以分析和改進，是完全可以設計和生產出來的。」

後來，其他工程師透過對全世界範圍的汽車引擎資料的搜集、整理和精心設計，結果奇蹟出現了，不但成功設計出8個汽缸的引擎，而且還正式生產出來了。

那個工程師對福特先生說：「我願意履行自己的賭約，放棄一年的薪水。」

此時，福特先生嚴肅地對他說：「不用了，你可以領走你的薪水，但看來你並不適合在福特公司工作了。」

那個工程師在其他方面的表現很不錯，但他卻僅僅憑藉自己現有的知識和經驗就妄下結論，而不是去積極主動地廣泛搜集相關資訊。不去尋找方法，只是一味的尋找藉口。只找借口不找方法的人，是很難得到上司或是老闆的賞識。

◎主動承擔責任，沒有任何藉口

在美國西點軍校，有一個廣為傳誦，為人稱道的傳統。那就是士兵遇到軍官問話，只能有四種回答：「報告長官，是。」「報告長官，不是。」「報告長官，不知道。」「報告長官，沒有任何藉口。」除此之外，不能多說一個字。

「沒有任何藉口」是美國西點軍校奉行的最重要的行為準則。它強調的是，要為成功找理由，而不要為失敗找藉口。一個人做任何事，如果失敗了，只要他願意找藉口，總能找到完美的藉口，但藉口和成功不在同一屋簷下。

有一個人到鄰居那裡去借割草機。鄰居回答說，因為從紐約到洛杉磯的所有班機都取消了，所以他不想出借割草機。那人疑惑地問，班機取消和出借割草機有什麼相干？鄰居回答：「這兩件事情確實毫無關係。但我就是不想借你割草機，用任何一個理由還不是一樣。」

這位鄰居說的有道理：任何一個理由都是一樣。因為找藉口，通常都是在推卸責任。根據韋氏大辭典的解釋，藉口一詞的意義，是指為某項錯誤或意外結果所做的辯解。喬治．華盛頓．卡佛說：「99％的人之所以做事失敗，是因為他們有找藉口的惡習。」

一個不尋找藉口的員工，肯定能出色地完成老闆所交付的任務，老闆也會因此而特別喜歡他。

卡羅．道恩斯原來是一名銀行的普通職員，後來受聘於一家汽車公司。在公工作六個月後，他想試試是否有提升的機會，於是向老闆杜蘭特寫信毛遂自薦，老闆給他的答覆是：「任命你負責監督新廠機器設備的安裝工作，但不保證加薪。」

道恩斯沒有受過任何工程方面的培訓，連圖紙都看不懂。但是，他不願意放棄任何機會，於是他自己花錢請來一些專業技術人員完成了安裝工作，還比計畫的提前了一個星期。結果，他不僅獲得了提升，薪水增加了好幾倍。

「我知道你不懂技術，」老闆後來對他說，「如果你隨便找個藉口推掉那項工作，我可能會讓你走人。我最欣賞你這種幹工作不找任何藉口的人。」

在責任和藉口之間選擇責任，體現了一種對工作和生活的積極態度，同時也決定了你將會是個成功者。

優秀的員工從不在工作中尋找任何藉口，他們總是把每一項工作盡力地完成得超過客戶所預期的，最大限度地滿足客戶提出的要求，在滿足的前提下帶去驚喜。他們總是出色地完成上級所安排的任務，他們總是盡力配合同事的工作，對同事提出的幫助要求也從不找借口推脫。「不找任何藉口」的人，他們身上體現的是一種服從和誠實的力量，一種負責敬業的精神。

一流員工找方法，末流員工找藉口。

最優秀的人，是最重視找方法的人。他們相信凡事都會有辦法解決，而且是總有更好的方法。

作為華人首富，李嘉誠的名字可謂家喻戶曉。他之所以能成為首富，也並非沒有規律可循：從打工的時候起，他就是一個找方法解決問題的高手。

有一次，李嘉誠去推銷一種塑膠灑水器，連走了好幾家都無人問津。一上午過去了，一點兒收穫都沒有，如果下午還是毫無進展，回去將無法向老闆交代。

儘管推銷得不順利，他還是不停地給自己打氣，精神抖擻地走進了另一棟辦公樓。當他看到樓道上的灰塵很多時，突然靈機一動，沒有直接去推銷產品，而是去洗手間，往灑水器裡裝了一些水，將水灑在樓道裡。十分神奇，經他這麼一灑，原來很髒的樓道，一下變得乾淨起來。這一來，立即引起了主管辦公樓的有關人士的興趣，一下午，他就賣掉了十多台灑水器。

在做推銷員的整個過程中，李嘉誠都十分注重分析和總結。他將香港分成幾區，對各區的人員結構進行分析，瞭解哪一片兒的潛在客戶最多，便有的放矢地去跑，重點攻擊，這樣一來，他獲得的收益自然要比別人多。

縱觀李嘉誠的奮鬥歷史，其實就是一個不斷用方法來改變命運的歷史。

只有積極找方法，才能更好地出效益；只有積極找方法的人，才能彌補老闆的不足，成為老闆的左膀右臂。

◎不找藉口，絕不拖延

藉口，是拖延的溫床。不找藉口，就意味著拒絕拖延，今天的事今天做。

藉口也是拖延的根源，你會告訴自己「這件事可以緩一緩」「我今天已經做了很多事，可以獎勵自己放鬆一下了」「明天什麼事也沒有，不如明天做」「今天天氣很難得，不能待在屋裡。」如果你是個辦事拖拉的人，你大概在浪費大量的寶貴時間。這種人花許多時間思考要做的事，擔心這個擔心那個，找藉口推遲行動，又為沒有完成任務而悔恨。在這段時間裡，他們本來能完成任務而且早應轉入下一個環節了。

確定一項任務是否非做不可。

當我們感覺一項任務不重要，做起來自然會拖拖拉拉，若是這項任務真的不重要，就立刻取消它，而不是既拖延又後悔。有效分配時間的重要一環，是取消可有可無的任務。應該從你的日程表中把亂糟糟的東西清除。

把任務委託給其他人。

有時候，任務是能完成的，但是你不喜歡做。你不願意可能與你的興趣或專長有關，這時如果你把任務委託給一個比你更適合做、更樂意做的人，你和他就都成了贏家。

確定好處與優勢，立即行動起來。

我們往往因為看不到完成一項任務有什麼好處而拖拖拉拉。也就是說，我們做這項任務時付出的代價似乎高於做完之後得的好處。應付這個問題的最佳辦法是從你的目標與理想的角度來分析這個任務。如果你有個重大目標，那你就比較容易拿出幹勁去完成有助於你達到目標的任務。

養成好習慣。

許多人的拖延已經成了習慣。對於這些人，一切理由都不足以使他們放棄這個消極的工作模式去完成一項任務。如果你有這個毛病，你就要重新訓練自己，用好習慣來取代拖延的壞習慣。每當你發現自己有拖遝的傾向時，靜下心來想一想，確定你的行動方向，然後給自己提一個問題：「我最快能在什麼時候完成這個任務？」定出一個最後期限，然後努力遵守。漸漸地，你的工作模式會發生變化。

賽凡提斯曾經說過：每天荒疏一點點，最後的結果就是一事無成。

今天無所事事地混過去了——明天也會這樣，後天就更不會有什麼長進。

「快！快！快！為了生命加快步伐！」這句話常常出現在英國亨利八世統治時代的留言條上警示人們，旁邊往往還附有一幅圖畫，上面是沒有準時把信送到的信差在絞刑架上掙扎。當時還沒有郵政事業，信件都是由政府派出的信差發送的，如果在路上延誤就會被處以絞刑。

「明天」是魔鬼的座右銘。整個歷史長河中不乏這樣的例子，很多本來智慧超群的人，留下的僅僅是沒有實現的計畫和半途而廢的方案。對懶散的人來說，明天是他們最好的搪塞之詞。

有兩句充滿智慧的俗語說得好：一句是「趁熱打鐵」；另一句是「趁陽光燦爛的時候曬乾草」。

很少有人注意到自己通常在什麼時候比較懶散倦怠。有的人是在晚飯後，有的人是午飯後，還有的在晚上7點鐘以後就什麼都不想幹了。每個人一天的生活往往都有一個關鍵時刻，如果這一天不想白過的話，一定不要浪費這個時刻，對大多數人而言，早晨幾小時往往是這一天會不會過得充實的關鍵時刻。

拖延是一種疾病，對那些深受拖延之苦的人來說，唯一的辦法就是做出果斷的決定。否則，這一疾病將成為摧毀勝利和成就的致命武器。通常來說，愛拖延的人就是失敗的人。

第4章 一分鐘說服術——最棒的推銷藝術

這是最頂尖的銷售員們與顧客面對面銷售的真實寫照，是被無數人證明了的方法與技巧，簡單、有效、做得到是它最大的特點。

開場白話術

推銷員向客戶推銷商品時，一個有創意的開頭十分重要，好的開場白能打破顧客對你的戒備心理，設計好開場白十分重要。

◎至關重要的開頭

臨時交易時，對於客戶心中的想法還不知道，因而會面的開始非常重要。要引起聽者的注意，接著讓他產生興趣，也就是有興趣聽你說話。一個人時時在接受周圍的各種刺激，但對這些四面八方的刺激並非一視同仁，可能對某一刺激特別敏銳、明瞭，因為這成為他一剎那間的意識中心。假如聽者的大腦意識中樞集中在說者的談話上，那麼此刻聽者對於其他的刺激都不在意了。

打個比方，專心看電視的小朋友，任憑媽媽在旁邊怎麼呼喊，他都聽不見。又比如參加考試的學生，當其集中注意力於試卷上的題目，專心思索時，對於窗外的噪音也不以為苦了。

就是由於人類都有這種心理的緣故，所以必須把客戶的注意力集中到自己身上；客戶的心理，能夠因為講話的人高明的開場白而完全受掌握，換句話說，說者的第一句話最具有重要性，可以有力地吸引住客戶的興趣，在那麼可貴的一刻，在兩人目光相接的時候，有許多錯綜複雜的心理作用就在客戶身上發生了。

在這剎那之間，推銷員所說的頭一句話，是否能讓對方一直聽到最後一句話，決定於客戶對推銷員有沒有產生好感。我們的標題雖說要在開始十秒鐘之內把握住客戶的心，其實這個時間愈短愈有利，你要抓住客戶的心，最長也不可超過十秒鐘。以下讓我們來參考另外幾個例子吧！

（住宅門口）「哦！你好早喲！你在洗車嗎？我是××公司的人，今天特地來訪問你。」

（農家門口）「哦！你好勤快喲！這麼大早就起來；現在蔬菜市價很便宜了。」「對呀，已經不夠本了；用車子把它運到果菜市場去，剛剛好夠汽油錢和裝箱錢！」

（在蔬菜攤）「你好！我是××公司的。的確，跟我所聽到的是一樣的啊！」「什麼？你再說清楚一點。」「也沒什麼啦！剛才有三位太太們在講話。她們一致認為你這家鋪子所賣的蔬菜，要比其他家新鮮得多呢！」

上面列舉的開場白適用於臨時交易，經常交易多無需如此。但偶爾為了改變氣氛、把握客戶心思起見，也不妨採取這類方式來聊天。

當你開門的那一刻，就要同時打開客戶的心門。

◎設計有創意的開場白

好的開始是成功的一半。

開場白一定要有創意，預先準備充分，有好的劇本，才會有完美的表現。可以談談客戶感興趣和所關心的話題，投其所好。欣賞別人就是恭敬自己，客戶才會喜歡你；「心美」看什麼都順眼，客戶才會接納你。

如何有技巧、有禮貌地進行頗富創意的開場白及攀談呢？應當針對不同客戶的實際情況、身份、人格特徵及條件予以靈活運用，相互搭配。

在創意開場白的技巧上，有以下應注意的重點：事先準備好相關的題材及幽默有趣的話題；注意避免一些敏感性、易起爭辯的話題，為人處世要小心，但不要小心眼，例如宗教信仰的不同，政治立場、看法的差異，有欠風度的話，他人的隱私，有損自己品德的話，誇大吹牛的話，在面對女性隱私時尤須注意得體禮貌；得理要饒人，理直要氣和；一定要多稱讚客戶及與其有關的一切事物。可以以詢問的方式開始，「您知道目前最熱門，最新型的暢銷商品是什麼嗎？」以肯定客戶的地位及社會的貢獻開始；以格言、諺言或有名的廣告詞開始；以謙和請教的方式開始。

把心量放大福就大，生氣是拿別人的錯誤來懲罰自己，可針對客戶的擺設、習慣、嗜好、興趣、所關心的事項開始；也可以開源節流為話題，告訴客戶若購買本項產品將節省××%的成本，可賺取××%的高利潤，並告訴他「我是專程來告訴您如何賺錢及節省成本的方法」；可以用與××單位合辦市場調查的方式為開始；可以用他人介紹而前來拜訪的方式開始；可以舉名人、有影響力的人的實際購買例子及使用後效果很好的例子為開始；以運用贈品、小禮物、紀念品、招待券等方式開始；以提供試用試吃為開始；以動之以情、誘之以利、曉之以害的生動演出的方式開始；以提供新構想、新商品知識的方式開始；以具震撼力的話語，吸引客戶有興趣繼續聽下去「這部機器一年內可讓您多賺×百萬元」為開始……

萬事開頭難，做推銷更是如此，但是，作為一個職業推銷員是絕不能因此而放棄努力，應該在面對客戶之前，做好充分的準備，設計一個有創意的開場白。

預約採訪術

預約客戶也是一種藝術，可以透過電話、信函、拜訪預約客戶，恰當的預約採訪術對成功的推銷至關重要。

◎預約術對成功推銷的重要性

一般人對於一個陌生的電話通常都存有戒心，他的第一個疑問必然是：「你是誰？」，所以我們必須先表明自己的身份，否則，一些人為避免不必要的干擾，可能敷衍你兩句就掛上電話。可是，也有人會說：「如果我告訴他，他會更容易拒絕我。」事實上確實如此，所以我們盡可能表明，我是你的好朋友×××介紹來的。有這樣一個熟悉的人做仲介，對方自然就會比較放心。同樣地，對方心裡也會問：「你怎麼知道我的？」我們也可以用以上的方法處理。有的人又會說：「其實我只是從一些資料上得到顧客的電話，那又該怎麼辦呢？」這時，可以這樣講：

「我是你們董事長的好朋友，是他特別推薦你，要我打電話給你的。」這時，你也許會想：如果以後人家發現我不是董事長的好朋友，那豈不讓我難堪。其實，你不必那麼緊張，我們打電話的目的無非是為了獲得一次面談的機會。如果你和對方見面後，交談甚歡，那對方也不會去追究你曾經說過的話了。

大多數推銷員有個毛病，一到客戶那裡就說個沒完，高談闊論，捨不得走。因此，在電話約訪中要主動告訴客戶：「我們都受過專業訓練，只要佔用10分鐘，就能將我們的業務作一個完整的說明。您放心，我不會耽誤您太多的時間，只要10分鐘就可以了」。

解決了客戶的兩個疑惑，預約一般都能成功。只有得到客戶同意，有了和客戶面對面的機會，才為成功推銷邁開了關鍵的第一步。

◎約見客戶的幾種方法

約見是推銷人員與客戶進行交往和聯繫的過程，也是資訊溝通的過程。常用的約見方法有以下幾種：

①電話約見法

如果是初次電話約見，在有介紹人介紹的情況下，需要簡短地告知對方介紹者的姓名、自己所屬的公司與本人姓名、打電話的事由，然後請求與他面談。務必在短時間內給對方以良好的印象，因此，不妨這樣說：「這東西對貴公司是極有用的」，「採用我們這種機器定能使貴公司的利潤提高一倍以上」，「貴公司陳小姐使用之後認為很滿意，希望我們能夠推薦給公司的同事們」，等等，接著再說：「我想拜訪一次，當面說明，可不可以打擾您10分鐘時間？只要10分鐘就夠了。」要強調不會佔用對方太多時間。然後把這些約見時間寫在預定表上，繼續打電話給別家，將明天的預定約見填滿之後，便可開始訪問活動了。

有一位專業推銷人員說：「查克是我遇到過的最好的電話探尋員之一。查克的相貌確實不怎麼樣。不過，他有個優美的、有磁性的嗓音，而且很招人喜歡，特別是管理人員的助理。他非常善於找出那些人，他和助理們聊天，交換些俏皮話，他會這樣說：『夥計，你聽上去真不賴，在一個星期三的早上，你揀到錢了嗎？』說些這樣的話後，他會說，『順便問一句，你的老闆在不在？』然後很快，主管的電話就會被接通；有時，那些主管是位置高如波音公司董事會主席的人。」

「與主管接通後，他會說，『夥計，你比一個遠在歐洲的參議員還難找。』這將毫無例外地引起一陣大笑。他會接著說，『你知道，我找到了你可以將它全部帶走的辦法。』主管會說，『是嗎，什麼辦法？』查克會回答，『美國銀行的分行遍佈整個地獄。』他不用等很長時間就可以從主管那兒得到回應，然後，他就會安排一個約見。」

「當查克的老闆（雇用他的專業推銷人員）前去拜訪這位主管時，這位主管會對查克沒能同來感到失望，他會這樣說，我希望你懂的和查克一樣多。』當然，查克對這個計畫幾乎一無所知。他只是安排約見。這時這位專業推銷人員會說，『我想我可以。順便問一句，查克告訴了你一些什麼？』大部分時候，答案會類似於，『嗯，我也記不清了，不過它聽起來確實挺有趣。』有一個能夠敲定約見的人要比對產品知曉甚多的人重要得多。」

②信函約見法

信函是比電話更為有效的媒體。雖然伴隨時代的進步而出現了許多新的傳遞媒體，但多數人始終認為信函比電話顯得尊重他人一些。因此，使用信函來約會訪問，所受的拒絕比電話要少。另外，運用信函約會還可將廣告、商品目錄、廣告小冊子等一起寄上，以增加對顧客的關心。也有些行業甚至僅使用廣告信件來做生意，這種方法有效與否在於使用方法是否得當。+-+信函約見法的目的，是為了創造與新的客戶面談的機會，也是尋找準客戶的一個有效途徑，書信往來是現代溝通學的內容之一。對於壽險推銷人員來說，如果你以優美、婉轉、合理的措辭，給他闡明壽險的理念，讓他知道有你這麼一個人掛念著他就足夠了；然後，你可以登門拜訪，帶著先入為主的身份與他再次面談。

巴羅最成功的「客戶擴增法」的有效途徑是直接通信。他曾經講述了自己的一段經歷：「一段時期，我苦惱極了，我的客戶資源幾乎用光了，我無事可做。我眼巴巴地望著窗外匆匆的行人，難道我能衝出去，拉住他們聽我講保險的意義嗎？不，那樣顯然是不恰當的，他們會以為我瘋了。」

「我百無聊賴地翻看著報刊、雜誌，看到許多人因種種緣故登在報紙雜誌上的地址，我突然靈機一動，何不按地址給他們寫信，在信上陳述要比當面陳述容易得多。我馬上行動起來，用打字機列印了一份措辭優美的信，然後複印成許多份，寫上不同人的名字，依次寄出；寄走後，我的心忐忑不安，不知客戶們看了有何感想。幾個星期後，令我興奮的是，有幾個客戶給我寫了回信，表示願意加保。這件事對我鼓舞很大，於是，我決定趁熱打鐵，對於沒有回信的直接拜訪。不曾想，效果特別好，會談時，他們不再詢問我有關壽險知識，因為信上已寫過，而詢問的是參加壽險有什麼好處，有何保障等實際操作之類的問題。」

「在我寄出的第一批準客戶名單中，後來成交率在30％左右，這遠比我用其他方法所獲得的成功率高得多。」

③訪問約見法

一般情況下，在試探訪問中，能夠與具有決定權的人直接面談的機會較少。因此，應在初次訪問時爭取與具有決定權的人預約面談。在試探訪問時，應該向接見你的人這樣說；「那麼能不能讓我向貴公司總經理當面說明一下？時間大約10分鐘就可以了。您認為哪一天比較妥當？」這樣一來遭到回絕的可能性自然下降。

綜上三種約見方法，各有長短，應就具體情況選擇採用。比如對有介紹人的就採用電話方式，沒有什麼關係的就用信件等。

◎五步達到成功邀約

第一步，以關心對方與瞭解對方為訴求。

發自內心表現出誠懇而禮貌的寒暄及親切的問候最令人感到溫馨，不過必須注意，如果過度地在言詞上褒揚對方，反而會流於虛偽做作，雖然我們常說「禮多人不怪」，但是不誠實的推銷辭令對許多人而言並不恰當，不如衷心的關懷比較能夠取得對方的信賴。

除了誠心地問候之外，瞭解客戶的訴求也是第一要務，敏銳的推銷員必須能夠在客戶談論的言詞之間瞭解客戶心中的渴望，或是最急迫而殷切想要知道的事物，才能掌握住客戶的方向，達到邀約的目的。

第二步，尋找具有吸引力的話題。

凡是面對有興趣的事物就不容易拒絕，例如有人喜歡逛街買東西，只要有人邀約，縱然還有許多事情沒處理完，也會捨命陪君子一同前往，這是因為興趣會引起他排除萬難的決心，因此提供一個可以吸引客戶接受而且具有高度興趣的話題，才容易獲得客戶的認同而接受邀約。

第三步，提出邀約的理由。

合理而切合需求的理由是勾起客戶「一定要」接受邀約的必備要素。推銷員從客戶的言行中可以得知他的需求，從需求中可以找到他的渴望，再由渴望中找到可以說服他的理由，如此一步步地分析與推論下，客戶拒絕的機會便大大地降低了。

倘若使用合理的方法進行邀約都無法讓客戶認同，也不妨採取低聲下氣的哀兵招式，或是以不請自到，主動登門拜訪手段令客戶無法推辭，總之，不管任何方法都以能夠達到邀約為首要任務。

第四步，善用二擇一的銷售語言。

如果問你要不要吃飯？你的回答不是不吃就是吃，但如果直接問你要吃中餐還是西餐，吃與不吃的問題就直接跳過去，而且多半會得到一個肯定的答案。

換句話說，這種直接假設對方會接受的答案是一種快速切入的方法，也是避免受到拒絕的方法。因為我們在回答問題時，總是會受到問題的內容而影響思考，而暫時性地喪失先前的思考邏輯，所以推銷員在邀約時，可以捨去太過刻板的問法「有沒有時間」，而改以直接問「你是上午或下午有空」或是「下午兩點還是四點比較有空，讓我們見個面吧！」

第五步，敲定後馬上掛上電話或立即離開。

因為人們都有不好意思反悔的心態，尤其是在答應了一段時間以後，想要再提出反對的意見都比較不容易。

產品介紹術

如何向顧客介紹你的產品？不同的推銷方法會產生不同的效果。給顧客講一個有關產品的故事，向顧客進行產品示範，找到產品的特性，和其他產品做一下對比，適時運用產品介紹技巧，讓你的產品成為你的忠實夥伴。

◎用顧客能懂的語言介紹

一個秀才想買柴，高聲叫道：「荷薪者過來！」賣柴的人迷迷糊糊地走過來。秀才問：「其價幾何？」賣柴的聽不懂「幾何」什麼意思，但聽到有「價」字，估計是詢問價錢，就說出了價格。秀才看了看柴，說「外實而內虛，煙多而焰少，請損之。」賣柴的聽不懂這話，趕緊挑起柴走了。

秀才的迂腐讓我們感到很可笑，但我們的推銷工作中也存在這樣的情況，有些推銷員在與顧客溝通的過程中總會使用一些晦澀的詞語，推銷員理解起來可能沒有什麼問題，但是對行業情況不熟悉的客戶，就有些摸不著頭腦了。

萊恩受命為辦公大樓採購大批的辦公用品。結果，他在實際工作中碰到了一種過去從未想到的情況。

首先使他大開眼界的是一個推銷信件分投箱的推銷員。萊恩向這位推銷員介紹了公司每天可能收到信件的大概數量，並對信箱提出了一些具體的要求。這個小夥子聽後臉上露出大智不凡的神奇，考慮片刻，便認定顧客最需要他們的CSI。

「什麼是CSI」，萊恩問。

「怎麼」，他以凝滯的語調回答，話語中還帶著幾分悲嘆，「這就是你們所需要的信箱啊」。

「這是紙板做的，金屬做的，還是木頭做的」，萊恩試探地問道。

「如果你們想用金屬的，那就需要我們的FDX了，也可以為每個FDX配上兩個NCO」。

「我們有些列印件的信封會長點。」萊恩說明。

「那樣的話，你們便需要用配有兩個NCO的FDX轉發普通信件，而用配有RIF的PLI轉發列印件」。

這時，萊恩按捺了一下心中的怒火，說道：「小夥子，你的話讓我聽起來十分荒唐。我要買的是辦公用具，不是字母。如果你說的是希臘語、亞美尼亞語或漢語，我們的翻譯也許還能聽出點道道，弄清楚你們產品的材料、規格、使用方法、容量、顏色和價格」。

「噢」，他答道：「我說的都是我們產品的序號」。

萊恩運用律師盤問當事人的技巧，費了九牛二虎之力才慢慢從推銷員嘴裡搞明白他的各種信箱的規格、容量、材料、顏色和價格，從推銷員嘴裡掏出這些情況就像用鉗子拔他的牙一樣艱難。推銷員似乎覺得這些都是他公司的內部情報，他已嚴重失密。

如果這位先生是絕無僅有的話，萊恩還不覺得怎樣。不幸的是，這位年輕的推銷員只是個打頭砲的，其他的推銷員成群結隊而來：全都是些漂亮、整潔、容光煥發和誠心誠意的小夥子，每個人介紹的全是產品代號，萊恩當然一竅不通。當萊恩需要板刷時，一個小夥子竟要賣給他FHB，後來才知道這是「化纖與豬鬃」的混合製品，等物品拿來之後，萊恩才發現 FHB 原來是一隻拖把。

幾乎毫無例外，這些年輕的推銷員滔滔不絕地講述那些萊恩全然不懂的商業代號和產品序號，而且還帶有一種深不可測的神秘表情。開始時，萊恩還覺得挺有意思，但很快就變得無法忍受。

如果顧客對你的介紹聽不懂，對產品的性能不能完全領會的話，他們怎麼會對你的產品感興趣呢？通俗易懂的語言是推銷員必須採用的，否則，你的推銷永遠不會成功。

◎深入淺出，介紹產品優點

一家公司生產出了一種新的化妝品，叫做蘭牌綿羊油。公司的一位推銷員在銷售綿羊油的時候，沒有向顧客講綿羊油含有多少微量元素，是用什麼方法生產出來的，而是講了一個動人的故事：

很久以前，有一個國王。他是一個美食家，有一個手藝精湛的廚師，能做出香甜可口的飯菜，國王對他十分滿意。突然有一天，這位廚師的手莫名其妙地紅腫起來了，做出來的飯菜再也不像以前那麼好了，國王十分著急，下令御醫給廚師治病，可御醫絞盡腦汁也弄不清楚這個病是怎麼得來的。廚師只好含淚離開王宮，開始了自己的流浪生涯。後來一個好心的牧羊人收留了這位廚師。於是，這位廚師每天和這位牧羊人風餐露宿，放羊為生。放羊時，廚師就躺在草地中，一邊回想著過去的故事，一邊用手撫摸著綿羊以發洩心中的悲憤。夏天到來的時候他幫助這位牧羊人剪羊毛。

有一天，廚師驚奇地發現自己手上的紅腫不知不覺地消退了！他十分高興，告別了牧羊人，重新來到了王宮外，只見城牆上貼著一張紅榜，國王正在面向全國招聘廚師。廚師就撕掉皇榜前來應聘，這時人們早已認不出來衣衫襤褸的他了。國王品嘗了他做出的飯菜以後，覺得香甜可口，簡直和以前那位廚師做的一樣好吃，就把他叫了過來，發現果然是以前的那位廚師。國王就非常好奇地問這位廚師，手上的紅腫怎麼消退了。廚師說不知道，國王詳細地詢問了他離開王宮之後的情景，斷定是綿羊毛使廚師手上的紅腫消退了。

這時，推銷員話鋒一轉，說道：「我們就是根據這個古老的故事，開發出了綿羊油。」然後很自然地進行產品推銷。

向顧客介紹產品的時候，講一兩個小故事對推銷員來說是走向成功推銷的一條捷徑，只有顧客真正瞭解你所推銷的產品，你才可能獲得成功。

介紹產品時，除了善於講小故事外，適當的示範所起的作用也是很大的。一位推銷大師說過，「一次示範勝過一千句話」。

幾年來，一家大型電器公司一直在向一所中學推銷他們的用於教室黑板的照明設備。聯繫過無數次，說過無數好話，都無結果。一位推銷員想出了一個主意。他抓住學校老師集中開會的機會，拿了根細鋼棍站到講臺上，兩手各持鋼棍的一端，說：「女士們，先生們，我只耽擱大家一分鐘。你們看，我用力折這根鋼棍，它就彎曲了。但鬆一鬆勁，它就彈回去了。但是，如果我用的力超過了鋼棍的最大承受力，它再也不會自己變直的。孩子們的眼睛就像這鋼棍，假如視力遭到的損害超過了眼睛所能承受的最大限度，視力就再也無法恢復，那將是花多少錢也無法彌補的。」結果，學校當場就決定，購買這家電器公司的照明設備。

有一次，一位牙刷推銷員曾向一位羊毛衫批發商演示一種新式牙刷。牙刷推銷員把新舊牙刷展示給顧客的同時，給他一個放大鏡。牙刷推銷員會說：「用放大鏡看看，您就會發現兩種牙刷的不同。」羊毛衫批發商學會了這一招。沒多久，那些靠低檔貨和他競爭的同行被他遠遠拋在後面，從那以後他永遠帶著放大鏡。

紐約有一家服裝店的老闆在商店的櫥窗裡裝了一部放映機，向行人放一部廣告片。片中，一個衣衫襤褸的人找工作時處處碰壁，第二位找工作的西裝筆挺，很容易就找到了工作。結尾顯出一行字：好的衣著就是好的投資。這一招使他的銷售額猛增。

有人做過一項調查，結果顯示，假如能對視覺和聽覺做同時訴求，其效果比僅只對聽覺的訴求要大8倍。業務人員使用示範，就是用動作來取代言語，能使整個銷售過程更生動，使整個銷售工作變得更容易。

優秀的推銷員明白，任何產品都可以拿來做示範。而且，在5分鐘所能表演的內容，比在10分鐘內所能說明的內容還多。無論銷售的是債券、保險或教育，任何產品都有一套示範的方法。他們把示範當成真正的銷售工具。

示範為什麼會具有這麼好的效果呢？因為顧客喜歡看表演，並希望親眼看到事情是怎麼發生的。示範除了會引起大家的興趣之外，還可以使你在銷售的時候更具說服力。因為顧客既然親眼看到，所謂「眼見為實」，腦子裡也就會對你所推銷的產品深信不疑。

平庸的推銷員常常以為他的產品是無形的，所以就不能拿什麼東西來示範。其實，無形的產品也能示範，雖然比有形產品要困難一些。對無形產品，你可以採用影片、掛圖、圖表、相片等視覺輔助用具，至少這些工具可以使業務人員在介紹產品的時候，不顯得單調。

好產品不但要辯論，還需要示範，一個簡單的示範勝過千言萬語，其效果可讓你在一分鐘內，做出別人一周才能達成的業績。

◎找介紹產品的特性，絕不隱瞞產品缺陷

美國康乃狄克州的一家僅招收男生的私立學校校長知道，為了爭取好學生前來就讀，他必須和其他一些男女合校的學校競爭。在和潛在的學生及學生家長碰面時，校長會問：「你們還考慮其他哪些學校？」通常被說出來的是一些聲名卓著的男女合校學校。校長便會露出一副深思的表情，然後他會說：「當然，我知道這個學校，但你想知道我們的不同點在哪裡嗎？」

接著，這位校長就會說：「我們的學校只招收男生。我們的不同點就是，我們的男學生不會為了別的事情而在學業上分心。你難道不認為，在學業上更專心有助於進入更好的大學，並且在大學也能很成功嗎？」

在招收單一性別學校越來越少的情況下，這家專收男生的學校不但可以存活，並且生源很不錯。

「人云亦云」的推銷者懶惰、缺乏創意，而傑出推銷員總是能找出自己產品與競爭產品不同的地方，並自然地讓顧客看到、感受到，從而讓顧客改變主意，購買自己的產品。

既要講產品的特色，也要明確講出產品的缺點。

俗話說「家醜不可外揚」，對推銷員來說，如果把自己產品的缺點講給客戶，無疑是在給自己的臉上抹黑，連王婆都知道自賣自誇，見多識廣的優秀的推銷員怎麼能不誇自己的產品呢？其實，宣揚自己產品的優點固然是推銷中必不可少的，但這個原則在實際執行中是有一定靈活性的，就是在某些場合下，對某些特定的客戶，只講優點不一定對推銷有利。在有些時候，適當地把產品的缺點暴露給客戶，是一種策略，一方面可以贏得客戶的信任，另一方面也能淡化產品的弱勢而強化優勢，適當地講一點自己產品的缺點，不但不會使顧客退卻，反而贏得他的深度信任，從而更樂於購買你的產品。因為每位客戶都知道，世上沒有完美的產品，就好像沒有完美的人，每一件產品都會有缺點，面對顧客的疑問，要坦誠相告。

一個不動產推銷員，有一次他負責推銷一個市區南城的一塊土地，面積有120坪，靠近車站，交通非常方便。但是，由於附近有一座鋼材加工廠，鐵錘敲打聲和大型研磨機的噪音不能不說是個缺點。

儘管如此，他打算向一位住在這個城市工廠區道路附近，在整天不停的雜訊中生活的人推薦這塊地皮。原因是其位置、條件、價格都符合這位客人的要求，最重要的一點是他原來長期住在噪音大的地區，已經有了某種抵抗力，他對客人如實地說明情況並帶他到現場去看。

實際上這塊土地比周圍其他地方便宜得多，這主要是由於附近工廠的噪音大，如果對這一點並不在意的話，其他如價格、交通條件等都符合您的願望，買下來還是合算的。

「您特意提出噪音問題，我原以為這裡的噪音大得驚人呢，其實這點噪音對我家來講不成問題，這是由於我一直住在10噸卡車的發動機不停轟鳴的地方。況且這裡一到下午5時噪音就停止了，不像我現在的住處，整天震得門窗啰啰響，我看這裡不錯。其他不動產商人都是光講好處，像這種缺點都設法隱瞞起來，您把缺點講得一清二楚，我反而放心了」。

不用說，這次交易成功了，那位客人從工廠區搬到了南城。

優秀的推銷員為什麼講出自己產品的缺點反而成功了呢？因為這個缺點是顯而易見的，即使你不講出來，對方也一望即知，而你把它講出來只會顯示你的誠實，而這是推銷員身上難得的品質，會使顧客對你增加信任，從而相信你向他推薦的產品的優點也是真的。最重要的是他相信了你的人品，那就好辦多了。

◎產品比較更能吸引顧客

一個賣蘋果的人，他把蘋果定為每斤5元。下班的時候到了，他大聲吆喝：「5元一斤，便宜了。」他的吆喝吸引來一些低收入客戶。這個賣蘋果的回家後，仔細琢磨，到底什麼原因使更多的顧客寧願去超市購買高價蘋果呢？而且超市的蘋果和自己的品種一模一樣，為什麼蘋果價越低越不好賣呢？終於他明白了。

第二天，他把蘋果分為兩車，一車蘋果仍然賣每斤5元，而和這一車一樣的另一車蘋果標價為每斤10元。果不出所料，賣的比前幾天分外好，而且還賺錢。

回去後，一些果農問他為什麼這樣賣會更快、更賺錢，憨厚的他只是笑，吩咐別的果農照辦就是了，他也不知道恰當的解釋。

這個小故事道理其實很簡單，果農只不過運用對比締結成交法，準確地抓住了顧客的購買心理。這種辦法適合任何推銷，而且簡單易行。

說起對比，一般人都能理解。其實，在推銷產品時，很多推銷員都曾運用過。比如一個壽險推銷員去一家農戶推銷壽險，而該農戶說他們已經買了保險，並且告訴你是財產險。你接下來會怎樣開始推銷自己的壽險呢？很簡單，你把兩種險做對比，找出財產險沒有涉及到的而壽險有的益處，進而讓客戶感到原來壽險比財產險更有利於人身和財產的安全。

在現代社會裡，有種觀念已經腐蝕著人的思想，這便是經常說的「好貨不便宜，便宜沒好貨」。有的大超市抓住客戶心理，把兩件明明一樣的衣服分為兩個價，比如一件是500元，一件是800元。這樣有的客戶覺得800元的料子一定比500元的好，所以就寧願用高價買下800元的這件，而有些顧客生活水準不高，想模仿高收入的人，所以虛榮心驅動著他買下500元的這件，還回去宣揚一番，說自己買了件800元的衣服。可笑的是，兩件衣服質地、加工都一樣，這就是顧客買東西的兩種心理。

多去比較自己產品和同類的產品，吸引顧客購買是最終目的。

成交話術

運用動聽的聲音，掌握語言的魅力，還要把握成功洽談的要點，避免導致洽談失敗的語言，掌握成交語術，讓交易輕鬆達成。

◎運用動聽聲音，掌握語言魅力

你若想培養自己成為一個誠實的人，首先就應當培養自己的誠意，所謂「誠於內形於外」，這樣才能使你的誠意，表現在自己的一舉一動上。這種存在於內心中的誠意，會從你的表情上流露出來，更會從你說話的聲音裡流露出來，傳遍你的全身。

一個人的態度、神情、笑容、眼光都是沉默的，但卻能夠傳達人們的情意。這種無言的交流，在人際關係上佔有很重要的地位。你可以利用這種方式來吸引對方，使對方獲得無言的第一印象，這是推銷員應該具有的第一個條件。此外，你更應該使人清清楚楚、快快活活地聽懂你所講的每一句話。要能夠溝通彼此的心意，必須依賴我們的音色，所以你應該以明朗、活潑、富有吸引力的音色，簡潔明暢地傳達自己的思想，這是你的義務。

言語的影響力的確是不可低估，一句話可以使對方、感動、豁然開朗，甚至於生氣。推銷員最主要的就是用這種具有不可思議的魔力的言語來做買賣，即所謂靠嘴巴吃飯。

有這麼一個故事：從前波蘭有位明星，大家都稱她摩契斯卡夫人。一次她到美國演出時，有位觀眾請求她用波蘭語講臺詞，於是她站起來，開始用流暢的波蘭語念出臺詞。

觀眾都只覺得她念的臺詞非常流暢，但不瞭解其意義，只覺得聽起來非常令人愉快。

她接著往下念，語調漸漸轉為熱情，最後在慷慨激昂，悲愴萬分時戛然而止，台下的觀眾鴉雀無聲，同她一樣沉浸在悲傷之中。突然台下傳來一個男人的爆笑聲，他是摩契斯卡夫人的丈夫、波蘭的摩契斯卡伯爵。因為夫人剛剛用波蘭語背誦的是九九乘法表。

從這個故事中，我們可以看到，說話的語氣竟然有如此不可思議的魅力。即使不明白其意義，也可以使人感動，甚至可以完全控制對方的情緒。那麼誰都可以聽得懂的國語不更是如此嗎？如果只能說幾句雜亂無章、毫無感情的話，想幹推銷工作恐怕還早得很。

希臘哲學家蘇格拉底說：「請開口說話，我才能看清你。」正因為他瞭解，人的聲音是個性的表達，聲音來自人體內在，是一種內在的剖白。

很多推銷員能口若懸河，卻無法說服客戶，原因就在這裡。她的聲音若未經訓練，或者透露出畏懼、猶豫、缺乏自信，就成了敗筆。

我們通常說：我今天沒那心情，其實這句話應該倒過來說，因為心懷恐懼的人聲音一定是怯怯的，個性謹慎的人說話亦小心翼翼，攻擊性強的人言語咄咄逼人。雄武有力的人通常會聲若洪鐘，鏗鏘有力。靜若處子的人，聲調必然低柔平和，依此類推，聲音實在能使人的本色顯露無遺！

我們說話的聲音，也必須和音樂一樣，能夠滲進客戶的心中，才能達到說服的目的。只有風度和氣質得到周圍人的承認才可稱為魅力。

推銷員的魅力，就在於能夠說服顧客，使其購買自己的產品。在推銷過程中，只能透過短時間的接觸和談話來取得對方的好感。因此，要想以自己的魅力征服顧客，達到自己的推銷目的，推銷員的語言藝術將產生重要的作用。

趙蒙和張森都是公司成績較好的推銷員。張森渾身上下帶著鄉土氣息，是個樸實的人，也就是說他有一種氣質，使得顧客對他不抱有戒備而十分放心，並且一看到他便想起童年的故鄉。與他相比，趙蒙是一個典型的城市青年，他的魅力就是他能進行話題廣泛的談話。

一天，趙蒙說：「經理，××先生說，馬上就要簽訂合同了，請您去做最後的決定。」

「呀，我這次倒要領教一下你的語言藝術了。」經理向他說，並一起來到××家。

在顧客家中，使經理感到驚訝的是，趙蒙與主人正以飛碟射擊為話題，熱火朝天地談論著。

經理與趙蒙共事已經兩年了，關於飛碟射擊的議論，經理一次也沒聽他說過，他一直認為趙蒙對飛碟射擊不感興趣。事後，經理問他：「我怎麼不知道你對飛碟射擊如此感興趣？」

「這可不是開玩笑，上次，我到他家時，看到槍架上掛著槍和刻著他名字的射擊紀念杯，回來後便馬上做準備。」總之，經過一夜趙蒙準備好了這番話題。

這就是推銷員的魅力之一——自如地與顧客就各種話題進行交談。

◎把握成功洽談話語的要點

成功洽談的核心是運用肯定性語言促使對方說出「是」或「是的」，從正面向對方明確表示購買該商品會給他帶來哪些好處。

言詞方面的肯定性表現，應該作為內在積極性的流露。所以，要想取得理想的推銷成績，推銷員必須從根本上成為一位真正積極的人，應該自覺做到積極的正面性的思考、正面性的發言、正面性的動作，使自己從內到外真正積極起來。

在每個人的心中，沒有什麼人比自己更親近、更重要，因而盡可能叫客戶的名字可作為成功商談的一大重點。當然，作為名字的代替，「您」字也應多加運用，而「我」字則應盡量免提。下列是促使洽談成功的常用話語，應該反覆練習，直到能夠自然出口。對此多加運用，必能使你的洽談更加出色。

世界著名推銷員原一平在推銷壽險時，總愛向客戶問一些主觀答「是」的問題。他發現這種方法很管用，當他問過五六個問題，並且客戶都答了「是」，再繼續問保險上的知識，客戶仍然會點頭，這個慣性一直保持到投保。

原一平搞不清裡面的原因，當他讀過心理學上的「慣性」後，終於明白了，原來是慣性化的心理使然。他急忙請了一個內行的心理學專家為自己設計了一連串的問題，而且每一個問題都讓自己的準客戶答「是」。利用這種方法，原一平締結了很多大額保單。

這種方法後來被稱為「6+1締結法則」。

「6+1締結法則」源自於推銷過程中一個常見的現象：假設在你推銷產品前，先問客戶6個問題，而得到6個肯定的答案，那麼接下來，你的整個銷售過程都會變得比較順暢，當他和你談產品時，還不斷且連續地點頭或說「是」的時候，你的成交機遇就來了。他已形成一種慣性。每當我們提一個問題而客戶回答「是」的時候，就增強了客戶的認可度，而每當我們得到一個「不是」或者任何否定答案時，也降低了客戶對我們的認可度。

成交由多個因素促成，做好每一個環節積極促成成交。

◎盡量避免易導致洽談失敗的語言

開始洽談時，每一位推銷員都希望自己能成為一名成功者，而不願去做一名失敗者。因此，他們都會盡量避免使用帶有負面性或者說否定性含義的詞語。所以，在洽談時推銷員都盡可能少使用容易引起對方戒備心理的語言，這樣才不會使洽談失敗。

但另一方面，人們的潛意識裡又常常有一種被害者意識，即老是懷疑自己是不是會受到不利的對待，這種意識顯然是負面的。通常這種意識並不表現為明顯的對話，而作為一種恐懼、擔心、緊張不安的心情表現出來，有時會形成模糊語言，即自問自答的談話，這些談話往往自己都意識不到，而是下意識或本能地進行著，比如：

a 或許他又不在家。

b 說不定又要遲到了。

c 利潤也許會降低。

d 這個月也許不能達到目標。

e 或許又要挨罵了。

根據專家的統計，我們在一天中使用這種否定性「內意識」的次數大約為200—300次。因此，這類的擔心是普遍和正常的，重要的是在意識水準上戰勝、抑制住這種恐懼，不能讓它表現在與客戶的洽談上。但許多推銷員往往做不到這一點，或者沒有自覺地有意識去做，於是在洽談中把自己的不自信、擔心和急切願望表露無遺。這種負面的意識傳遞給客戶，往往會使客戶產生懷疑，以至於心理封閉起來，使進一步溝通變得困難，洽談也就宣告失敗。

設想顧客面對的推銷員老是說這類生硬、令人喪氣的話，就會自然而然的產生懷疑，甚至還會產生反感，失去與他繼續交談的興趣，更不要說購買願望了。這樣，成交的機會當然會減少。

推銷員要盡量避免使用導致洽談失敗的語言，讓洽談順利進行下去。

處理反對意見藝術

推銷中難免遇到比較「困難」的客戶，征服「困難」客戶需要有耐心，有計謀，勇於征服反對意見。

◎迎難而上解決問題

查理是電視臺的廣告推銷員，這回他碰到一個棘手的問題，公司要他去攻克一個「難點」客戶，這名客戶在眾多推銷員心裡相當有影響，他們把對這名客戶的描述記錄在卡片上給了查理。

查理仔細研究了一下這些卡片，卡片上記錄非常清楚，他已經五年沒有購買過電視臺的廣告時間，同時還記著好幾個同他聯繫過的推銷員的評價。第一個寫道：「他恨電視臺」，第二個寫道：「他拒絕在電話裡同電視臺推銷代表談話」，第三個寫的是：「這人是混蛋」。

其他推銷員的評價更加令查理捧腹大笑：「這個客戶究竟能有多壞？」他想，「如果我做成了這筆生意，那該是多麼令人驕傲的事，我一定要與他做成買賣。」

客戶的工廠在鎮的另一邊，查理花了一個小時才到那兒，一路上，查理一直在為自己鼓氣：「他以前曾在我們電視臺購買過廣告時間，因此我也可以讓他再買一次。」「我知道我將與他達成買賣協定，我一定可以……」查理不停地說。

最終，查理打起精神，下了車，走向大樓的主通道。通道裡挺暗的，查理按一下門鈴，沒人應。「太好了。」查理想，「我以後可以再也不來這兒了。」突然，查理看到有一個身材魁梧的人穿過大廳走來。查理知道是主人來了，因為卡片上清楚地記錄著他是個異常高的人。

「嗨！您好。」查理努力保持平靜的聲音，「我是TDL電視臺的查理。」

「滾開！」他大叫起來，看上去他異常氣憤，額頭上的青筋突起。

查理以為自己會按他說的去做，但是查理卻說：「不，等等，我是公司的新職員，我希望您拿出5分鐘時間來幫幫我。」

他推開門，走向大廳，並讓查理隨他過去。查理跟著他來到辦公室。

他在桌後坐下便開始對查理大吼。他告訴查理，電視臺對他公司的報導是如何如何的糟糕和低劣。他告訴查理其他的推銷員之所以讓他憤怒，是因為他們從不做他們承諾過的事。

「您看一下這張卡片，這是他們對您的評價。」查理把那些卡片遞給他。

他瞪著那張卡片，一言不發。

他們誰也不說一句話。這時，查理打破冷場：「您看，不管以往發生過什麼，不管您如何看待他們，還是他們如何評價您，現在唯一重要的是晚上十點半的天氣預報廣告時段公開銷售了，那是一個黃金時段，如果您購買的話，對您的生意將大有裨益，我發誓我會做得非常不錯，我不會讓您失望的。」

「這就行了。」他的語氣緩和了許多，「價錢多少？」

查理給他報了一個價，然後他告訴查理：「行，查理就這樣達成協議吧。」

當查理回到電視臺將訂單給其他推銷代表看時，查理幾乎都認為自己有兩米高了，從此以後，查理對於那些被認為棘手的客戶再也沒有猶豫過了。

遇到棘手客戶也沒有什麼可怕的，不要猶豫，更不要退縮，唯有迎難而上，這才是解決難題的關鍵。

◎巧妙對付談判對手

在談判中很可能遇到以戰取勝的談判者，那麼，應如何對付這樣的對手首先要能破「詭計」。如果識破了對方的戰術，其戰術就不再起作用了，因為被識破的戰術就不是戰術了。例如，對方採用情感戰術，你可以明確告訴對方，你雖然願意幫助他，但是你沒有權力答應他的要求。也可以點明並承認其戰術高明，讚揚對手巧妙地使用了它。總之，首先不要被對方唬住了。只要能保持理智的態度，用事實而不是感情來商談，同時表現冷靜、端莊、威嚴的風度和堅定的立場，那麼，不論對方如何變換花樣，也無濟於事。

然後要善於保護自己。

當對方力量比自己強，並使用強硬的以戰取勝的戰略時，你可能擔心已經投下不少心血，萬一交易做不成，那將如何如何。其實在這種情況下，最重要的危險是你百般遷就對方並貿然前進。有不少交易，你應該下決心放棄，這是保護自己的最好方法。另一種保護自己的方法是「搭建禁區鐵絲網」，比如，可以用「底價」來保護自己。所謂「底價」是願意接受的最低價，對買主來講「底價」則是願意付出的最高價。一旦對手的要求超過此範圍，應立即退出交易。

善於因勢利導。

如果對方立場比較強硬，你又沒有力量改變它。那麼，當他們攻擊你時，不要反擊，要把對方對你的攻擊轉移並引到問題上。不要直接抗拒對方的力量，而要把這力量引向對利益的探求及構思彼此有利的方案和尋找客觀規律上。對於對方的立場不要進行攻擊，而要窺測其中隱含的真實意圖。請對方提出對你的方案的批評和建議，把對你個人的攻擊引向對問題的討論。

最好能召請第三者。

當你無法和對方進行原則性談判時，可以召請第三者出面進行調解。中間人因不直接涉及其中的利害關係，也容易把人與問題分開，容易把大家引向利益和選擇方案上的討論，並可以提出公正的原則，有利於解決雙方的分歧。

問對題術

提問是交談中的重要內容。邊聽邊問可以引起對方的注意，為他的思考提供既定的方向；可以獲得自己不知道的資訊；可以傳達自己的感受，引起對方的思考。

◎不同的提問會有不同的效果

一名教士問他的上司：「我在祈禱的時候可以抽煙嗎？」這個請求理所當然地遭到了拒絕。另一名教士也去問同一個上司：「我在抽煙時可以祈禱嗎？」同一個問題，一經他這麼表述，卻得到允許。可見提問是很有講究的。

有一位母親在和別人聊天的時候，談到了自己的兒子。原來這個兒子要求母親為自己買一條牛仔褲，一個簡單得不能再簡單的要求。

但是，兒子怕遭到拒絕。因為他已經有了一條牛仔褲，母親是不可能滿足他所有要求的。

於是兒子採用了一種獨特的方式，他沒有像其他孩子那樣或苦苦哀求，或撒潑耍賴，而是一本正經地對母親說：「媽媽，你見過沒見過一個孩子，他只有一條牛仔褲？」

這頗為天真而又略帶計謀的問話，一下子打動了母親。事後，這位母親談起這事，談到了當時自己的感受：「兒子的話讓我覺得若不答應他的要求，簡直有點對不起他，哪怕在自己身上少花點，也不能大委屈了孩子。」

就是這樣一個未成年的孩子，一句話就說服了母親，滿足了自己的要求。在他說這話時，目的就是要打動母親，並沒有想到該用什麼樣的方法。而在事實上，他的確是從母親愛子深情上刺激了母親，讓母親覺得兒子的要求是合情合理的。

有的時候，巧妙的提問能產生意想不到的效果。

雷根在擔任美國總統時，曾發生與伊朗進行秘密武器交易問題（即「伊朗門事件」）。1986年事發後，引起全國一片抗議之聲，因為這在美國是嚴重違法的。雷根為洗刷自己，先後拋出幾個替罪羊，依然難以過關。在一次記者招待會上，一名記者向雷根發問道：「您作為總統，事先是否知道伊朗門事件？」雷根對此難以作答，陷入了窘境。

記者的提問是一個典型的兩難設問，它蘊含著兩難推理：如果雷根事先知道伊朗門事件，那麼，總統本人嚴重違法；如果事先不知道伊朗門事件，那麼雷根是嚴重失職的（因為他竟不知道部下在幹什麼）。或者事先知道，或者事先不知道，總之，或者雷根總統幹了嚴重違法的事，或者他嚴重失職。因此，雷根無法回答記者的提問。

◎善於使用反問

一家英國電視臺記者採訪我國某著名作家。對方問了一個十分刁鑽的問題：「沒有文化大革命，可能不會產生你們這一代作家，那麼，文化大革命在你看來究竟是好還是壞呢？」說著便舉起攝像機，遞過話筒，等待回答。這一問題十分辛辣，被問者無論做肯定的，還是否定的回答，都將產生不良的影響。然而，他卻鎮定自若，反問記者：「沒有第二次世界大戰，就沒有因反映第二次世界大戰而聞名的作家。那麼，你認為第二次世界大戰是好還是壞呢？」記者張口結舌，掃興而去。

對方的觀點或某一句話裡往往隱含著自相矛盾，而己方又難以用陳述的語氣挑明。此時，己方便可借助於提出一個問題，使對方的自相矛盾處明顯暴露，置對方於被動地位。

有位女作家擅長寫言情小說，深受中學生及小資女性的喜愛。一些不喜歡這位作家的人抨擊她說：「她不是一個老處女嗎？怎麼能把男女之間的恩怨寫得那麼逼真呢？難道她的生活就是如此放蕩不羈嗎？」

聽到這種流言蜚語後，這位女作家馬上在報上登載了一則啟事：「果真如此嗎？我想請問，是不是一定要嘗過牢獄之災的作家，才能夠寫出有關囚犯的小說？是不是只有行跡到達水星的作家，才寫得出關於外星人的作品？一個在內地長大的人，為什麼敢斷定餐桌上的海鮮營養豐富呢？假如有位專攻癌症的專家身體一向健康，那他的研究成果是否就不值得信賴呢？」

對於偶然遇到的意外場合，可以常理來推論，用通則來解釋。這裡所說的「常理」、「通則」，是指由經驗歸納出來的結論。這種結論來自於通常情況下所發生的事件或大多數情況的概括，所以它並不適用於例外。

英國詩人喬治．英瑞是一位木匠的兒子，雖然當時他很受英國上層社會的尊重，但他從不隱諱自己的出身，這在英國當時虛浮的社會情況下是很少見的。

有一次，一個紈袴子弟與他在某個沙龍相遇。該紈袴子弟非常嫉妒他的才能，企圖中傷他，便故意在別人面前高聲問道：「對不起，聽說閣下的父親是一個木匠？」

「是的。」詩人回答。

「那他為什麼沒有把你培養成木匠呢？」

喬治微笑著回答：「對不起，那閣下的父親是紳士了？」

「是的！」這位貴族子弟傲氣十足地回答。

「那麼，他怎麼沒有把你培養成紳士呢？」

頓時，這個貴族子弟像泄了氣的皮球，啞口無言。

◎推銷中的提問技巧

推銷中有以下幾種提問方法，善於提問也是一種技巧。

①限定型提問

在一個問題中提示兩個可供選擇的答案，兩個答案都是肯定的。

人們有一種共同的心理——認為說「不」比說「是」更容易和更安全。所以，內行的推銷人員向顧客提問時，盡量設法不讓顧客說出「不」字來。如，與顧客約定見面時間時，有經驗的推銷人員從來不會問顧客：「我可以在今天下午來見您嗎？」因為這種只能在「是」和「不」中選擇答案的問題，顧客多半隻會說：「不行，我今天下午的日程實在太緊了，等我有空的時候再打電話約定時間吧。」有經驗的推銷人員會對顧客說：「您看我是今天下午2點鐘來見您，還是3點鐘來？」「3點鐘來比較好。」當他說這句話時，你們的約定已經達成了。

②單刀直入法提問

這種方法要求推銷人員直接針對顧客的主要購買動機，開門見山地向其推銷，請看下面的場面：

門鈴響了，當主人把門打開時，一個衣冠楚楚的人站在大門的臺階上，這個人說道：「家裡有高級的食品攪拌器嗎？」男人怔住了。這突然的一問使主人不知怎樣回答才好。他轉過臉來看他的夫人，夫人有點窘迫但又好奇地答道：「我們家有一個食品攪拌器，不過不是特別高級的。」推銷人員回答說：「我這裡有一個高級的。」說著，他從提包裡掏出一個高級食品攪拌器。接著，不言而喻，這對夫婦接受了他的推銷。假如這個推銷人員改一下說話方式，一開口就說：「我是×公司推銷人員，我來是想問一下你們是否願意購買一個新型食品攪拌器。」你想一想，這種說話的推銷效果會如何呢？

③連續肯定法提問

這個方法是指推銷人員所提問題便於顧客用贊同的口吻來回答，也就是說，推銷人員讓顧客對其推銷說明中所提出的一系列問題，連續地回答「是」，然後，等到要求籤訂單時，已造成有利的情況，好讓顧客再作一次肯定答覆。如，推銷人員要尋求客源，事先未打招呼就打電話給新顧客，可說：「很樂意和您談一次，提高貴公司的營業額對您一定很重要，是不是？」（很少有人會說「無所謂」）「好，我想向您介紹我們的×產品。這將有助於您達到您的目標，日子會過得更瀟灑。您很想達到自己的目標，對不對？」……這樣讓顧客一「是」到底。

運用連續肯定法，要求推銷人員要有準確的判斷能力和敏捷的思維能力。每個問題的提出都要經過仔細思考，特別要注意雙方對話的結構，使顧客沿著推銷人員的意圖做出肯定的回答。

④誘發好奇心法提問

誘發好奇心的方法是在見面之初直接向潛在的買主說明情況或提出問題，故意講一些能夠激發他們好奇心的話，將他們的思想引到你可能為他提供的好處上。如，一個推銷人員對一個多次拒絕見他的顧客遞上一張紙條，上面寫道：「請您給我十分鐘好嗎？我想為一個生意上的問題徵求您的意見。」紙條誘發了採購經理的好奇心——他要向我請教什麼問題呢？同時也滿足了他的虛榮心——他向我請教！這樣，結果很明顯，推銷人員應邀進入辦公室。

⑤刺蝟反應提問

在各種促進買賣成交的提問中，「刺蝟」反應技巧是很有效的。所謂「刺蝟」反應，其特點就是你用一個問題來回答顧客提出的問題，用自己的問題來控制你和顧客的洽談，把談話引向銷售程式的下一步。讓我們看一看「刺蝟」反應式的提問法。

顧客：「這項保險中有沒有現金價值？」

推銷人員；「您很看重保險單是否具有現金價值的問題嗎？」

顧客：「絕對不是。我只是不想為現金價值支付任何額外的金額。」

對於這個顧客，你若一味向他推銷現金價值，你就會把自己推到河裡去，一沉到底。這個人不想為現金價值付錢，因為他不想把現金價值當成一樁利益。這時，你應該向他解釋現金價值這個名詞的含義，提高他在這方面的認識。

一般地說，提問要比講述好。但要提出有分量的問題並不容易。簡而言之，提問要掌握兩個要點：

提出探索式的問題發現顧客的購買意圖以及怎樣讓他們從購買的產品中得到他們需要的利益，從而就能針對顧客的需要為他們提供恰當的服務，使買賣成交。

提出引導式的問題讓顧客對你打算為他們提供的產品和服務產生信任。還是那句話，由你告訴他們，他們會懷疑；讓他們自己說出來，就是真理。

在你提問之前還要注意一件事——你問的必須是他們能答得上來的問題。

最後，根據洽談過程中你所記下的重點，對客戶所談到的內容進行簡單總結，確保清楚、完整，並得到客戶一致同意。

例如：「王經理，今天我跟你約定的時間已經到了，今天很高興從您這裡聽到了這麼多寶貴的資訊，真的很感謝您！您今天所談到的內容一是關於……二是關於……三是關於……是這些，對嗎？」

電話行銷術

電話不是抓起來就能打的，打電話有許多技巧，比如誰先掛電話，打電話時許多細節都需要禮貌。學會電話行銷中繞過障礙、走向成功的法則，電話行銷也能變得輕鬆。

◎打電話前要做好準備

按照經理叮囑，魯比打電話前一定先做充分的準備。什麼時候打，打多長時間，大致講些什麼話，都要事先設計好。一些必要的工具如筆、記事本、時間表、地圖也都要準備齊全，以便在打電話過程中隨時使用。

經過一段時間的摸索，魯比已經形成了自己的一套習慣。

如果是在家裡打電話，魯比會穿上舒適的衣服，使自己消除緊張，發出一種放鬆的、積極的聲音。

想辦法多打聽客戶除了業務以外的側面新聞，諸如有關對方生活的消息，以求通話時有共同的話題。

在身邊擺好所有相關的文件，並準備好筆記本，以便立刻記下對方告知的重要資訊。

還要做好心理準備：也許電話響得不是時候，打擾了對方正做的事。所以他提醒自己一開口就要明確打電話的原因和大約需要多少時間。

魯比認為，即使是電話約會也要注意時間，如果事先能瞭解對方的工作性質和作息時間，那是最好不過的。經過深入的分析，魯比總結了一些行業的工作時間規律和打電話的最佳時間：

會計師：月初和月尾最忙，要打電話約見他們，最好選在月中。

醫生：上午11點鐘之後和下午2點鐘之前病人最少，下雨天也是拜訪和打電話的好日子。

股票行業：下午4點鐘之後。收市後正想休息一會兒，有人交談是一件很高興的事。

餐飲業：最好的時間段是下午3～4點鐘。千萬不要在用餐的時候打。

工薪人士：最好是晚上8～9點鐘這段時間，這是他們吃完飯後的休息時間。

家庭主婦：上午10～11點鐘比較有空，這段時間內她們也很願意找人聊天。

瞭解這些人的時間規律後，就可以因人制宜地選擇適當的時間給他們打電話，這樣就容易被對方接受。

打電話有充分準備固然好，還需要對偶然的來訪電話重視起來。每一次電話交談就是一個機會。

◎繞過障礙走向成功的法則

電話行銷過程中，把打招呼、核實對方、自我介紹，作為電話推銷第一切入點；把「電話緣由」稱作第二切入點；

把「初步探聽主管及負責人」稱作第三切入點。

繞過電話行銷的障礙以後，掌握一些成功法則並在實踐中去運用它們，你也能取得很大成功。

第一個是大數法則。

徐志摩曾說：「數大便是美」。一棵草算不上美麗，但當它是一大片草原的時候，就變得非常壯觀。同樣的道理應用在業務上，即表示當你打電話的數量大到一定程度的時候，結果也一定會是非常豐盛的。這也就是行銷實務上說的「大數法則」。

從事業務工作的人一定要相信，銷售任何東西一定會有相當比率的人會向你購買，也一定會有相當比率的人不會向你購買。因此你的工作就是「把那些會向你買的人找出來」，如此而已。至於你能找出多少會向你購買的人，則完全要看你打電話的次數而定。

舉例來說，如果你每接觸100個人當中，平均會與10個人成交。那麼，如果你只找到100個人，你的成績當然也只有10件而已。但是，如果你很努力的找到500個人，則你將會獲得50件。從這個道理我們可以發現，電話行銷工作真的不難，因為你想要獲得50件，只要肯花時間找到500個人就可以獲得了，不是嗎？這就是「大數法則」，也就是「數大就是美！」

第二個是機會成本。

經濟學裡有所謂的「機會成本」理論。簡單說，假如你一天平均可以用電話跟30個人銷售保險，但某一天你卻在一位準客戶身上花了半天的時間，因此當天只能跟15位準客戶進行銷售，那麼你就是在那位準客戶身上付出了15個行銷的機會成本。由此可知，你必須培養精準的判斷能力，明確掌握哪些準客戶才是你該投注時間的對象，否則你很有可能在不知不覺當中，浪費許多的機會成本。這種損失也有可能是倍數的損失，因為當你唯一投注的準客戶最後仍然沒有成交的話，不就是兩頭空嗎？

另外，重要的一點是，比起面對面行銷，「機會成本」對於電話行銷的影響程度會更為顯著。原因是電話行銷屬於「廣種薄收」的行銷觀念，在短短的時間裡要比面對面行銷的精耕細作方式，所要付出的「機會成本」大上許多。

第三個是速度價值。

在投資學裡有所謂的「時間價值」，指的是任何投資工具都可以透過時間因素，創造出投資效益。在這裡，我們要提出另外一個價值說——「速度價值」。所謂「速度價值」，指的是：「在同樣的時間及成交率之下，你若能因速度快而創造了比別人還多的活動量，那麼你的成績必然要比別人好。」因此，你可以知道，以後你在每天或每一次撥打電話的時候，都應該注意時間管理，也應該避免做事磨蹭或是凡事慢半拍的習慣。

◎電話推銷中禮貌不可忽視

有些公司每天一大早先開早會，可是通常重要的事情也是在一大早來電告知，有些十分火速的電話，卻換來一句：「我們張先生在開早會，請留下電話，他會儘快與您聯絡。」

「不行啦！我們的事情非常重要，能不能請他先聽一下電話？」

「非常抱歉，不行哦！」

「可是，真的是非常重要！」

像這樣的辦事員就會引起對方的反感，如果是熟稔的往來客戶，應該會知道每天早上的早會，是辦公室的例行公事，有什麼事都得等早會開完再說，如果明知故犯，硬要現在談話，會引起人的反感，以及產生不好的印象，認為這個人沒禮貌又沒大腦。而如果是新進客戶，可能不甚瞭解，這時在對方告知「某人正在開會，能不能請您晚一點再打來？」時，可以給對方一個確定的時間，或是請對方給一個方便的時間，再予以聯絡。

總之，電話禮貌是非常重要的，有些人在打電話時非常的勢利，如果接電話的是小職員，他就會不太懂禮貌，幾乎都是用命令的口吻；但是，如果遇到的是大人物，可就不同了，輕聲細語，畢恭畢敬。這時，問題就來了，對接電話的職員不恭敬的話，會使對方產生不愉快的感覺。更有一些人，如果你惹怒了他，他可能會永遠記住的。下次你的來電再被他接到的活，他很可能會推說不在。

如果我們對代接電話者禮貌相待，即使被找的人分身乏術，你也是會被熱情相待的。

打電話時禮貌很重要，在打電話時，誰先掛電話也有大學問。

「請多多指教」、「抱歉」、「在您百忙之中打擾了」、「謝謝」、「再聯絡」這些恭維的話別小看了，它可是會使人心情舒暢的！在掛電話之前，雙方能愉快地畫上句號，就是一通完美的電話交談。雖然不能保證交易一定成功，但是為了給對方留下好印象，最後一句寒暄問候語可別忽略了它的神奇力量！

一般而言，商務電話都是由打電話的那一方先掛電話，這是基本的電話禮貌，因為是有事情的人打電話過去，事情聯絡好交代完後理應掛上電話，這樣才可算是交易的完成。但是如果遇到的是長輩，可就另當別論了，為了表示尊重，不管是打電話的或是接電話的都應該由長輩先掛，在確定對方已經掛線後，自己再輕輕地放下聽筒。

商場社交上，各公司的往來頻繁，用電話溝通是常有的事，這時也顯得彼此溝通良好，但若是次數太多，同樣也是會惹人討厭的，「奇怪！怎麼又來電話了！一次 OK 就好了，真囉嗦，芝麻大的小事要重複幾遍！」

小心，次數如果太多的話，可能會帶給人麻煩！有些對剛認識的朋友，態度就變得較隨便，因為心裡想：「反正很熟嘛！」可是尚不知道對方會非常的在意，和你正好持相反的看法，「這個小陳怎麼這樣，以前剛認識的時候還滿客氣的嘛，現在怎麼愈熟愈不尊重我，那以後不是會爬到我頭上嗎？」這樣子你可能會失去一位商場上的朋友！

禮貌是好的結束也是希望的開端，要留給對方好印象，可別忽略了最後的禮貌，謹言慎行才是得體的商務應對之道。

◎向吉拉德學習打電話的妙招

作為美國最偉大推銷員之一，吉拉德在推銷中是奇招迭出，就連打電話也有其獨到之處。面對電話簿，吉拉德會先翻閱幾分鐘，進行初步選擇，找出一些看來可能性較大的位址和姓名，然後再拿起電話。

「喂，寇里太太，我是喬．吉拉德，這裡是雪佛萊麥若裡公司，我只是想讓您知道您訂購的汽車已經準備好了。謝謝！」

這位寇里太太覺得似乎有點不對勁，愣了一會兒才說：「你可能打錯了，我們沒有訂新車。」

吉拉德問道：「您能肯定是這樣嗎？」

「當然，這樣的事情，我先生應該會告訴我。」

吉拉德又問道：「請您等一等，是凱利．寇里先生的家嗎？」

「不對，我先生的名字是史蒂。」

其實，吉拉德早就知道她先生的姓名，因為電話簿上寫得一清二楚。

「史蒂太太，很抱歉，一大早就打擾您，我相信您一定很忙。」

對方沒有掛斷電話，於是吉拉德跟她正電話中聊了起來：「史蒂太太，你們不會正好打算買部新車吧？」

「還沒有，不過你應該問我先生才對。」

「噢，您先生他什麼時候在家呢？」

「他通常7點鐘回來。」

「好，史蒂太太，我晚上再打來，該不會打擾你們吃晚飯吧？」

7點10分時，吉拉德再次撥通了電話：「喂，史蒂先生，我是喬．吉拉德，這裡是雪佛萊麥若裡公司。今天早晨我和史蒂太太談過，她要我在這個時候再打電話給您，我不知道您是不是想買一部新雪佛萊牌汽車？」

「沒有啊，現在還不買。」

「那您想大概什麼時候可能會準備買新車呢？」

對方想了一會兒，說道：「我看大概半年以後需要換新車。」

「好的，史蒂先生，到時我再和您聯絡。噢，對了，順便問一下，您現在開的是哪一種車？」

在打電話時，吉拉德記下了對方的姓名、地址和電話號碼，還記下了從談話中所得到的一切有用的資料，譬如對方在什麼地方工作、有幾個小孩、喜歡開哪一種型號的車等等。他把這一切有用的資料都存入檔案卡片裡，並且把對方的名字列入推銷的郵寄名單中，同時還寫在推銷日記本上。就這樣，透過兩三分鐘的電話聊天，吉拉德得到了寶貴的推銷資訊。

第5章 走向成功推銷的9個步驟

做任何事情都有規律，推銷也一樣。成為一個出色的推銷員並不難，只要你認真走好每一步，九個步驟就可以走向成功推銷。

勇敢亮出自己

兩個人同時從牢中的鐵窗望出去。一個看到了泥土，一個卻看到了星星。也許就是一念之差，開創了後一個人一生中最有意義的冒險天地。

◎讓推銷圓你的財富之夢

要想取得事業的成功離不開推銷，要想實現自我價值也離不開推銷。推銷是我們生存在這個世界上所必須具備的能力。

我們可以再重申一下，我們就是推銷人員，無論是生活或是工作的需要，你都要不斷地把自己推銷給親友、同事或上司，以博得好感，爭取友誼、合作或升遷。因為你無時無刻不在推銷，即使你不是推銷人員，但你仍在推銷，而且推銷將伴隨你的一生。推銷無時無刻不在發生，

當美國舉行總統大選時，候選人以自己的執政綱領、言談舉止等，透過新聞媒體，將自己推銷

給全體選民；當微軟將推出自己的視窗作業系統時，是將自己作為未來世界的標準推銷；當張朝陽提出「注意力經濟」的理念時，是將「搜狐」推銷給上網者及公眾；當周傑倫在各地巡迴演出時，是把自己的形象和音樂推銷給眾多的歌迷……因此，我們每一個人都在進行推銷，無論你是三歲頑童，還是八旬老翁；無論你是政治家、歌星、藝術家、商人還是普通老百姓，都需要推銷。

推銷是如此的重要，所以我們更應該學會推銷，因為推銷是一個人生存的基本技能。無論是一國總統還是平民百姓，都需要推銷。總統的競選班子，實質上就是一個推銷總統的班子。教授需要推銷，教授的每一次著書立說，實質上就是一次推銷行動，推銷自己的思想，傳播自己的理念。學生也需要推銷。無論是博士、碩士還是大學生，在進入社會後，你怎樣把你的才華，把你最美好的一面，展示在招聘者的面前，這就是推銷。至於企業家、商人，推銷已融入他們的生命。所以學習推銷是很重要的。

很多人都希望自己有高級住房、名牌汽車，但這都需要錢。錢，怎樣才能更快、更多地賺到呢？這就是幹推銷。因為幹這行不需要你有很高的學歷、雄厚的資金、出眾的相貌，也不需要你具備扎實的專業知識和專業技能，它只需要你的勤勞和智慧。你只要能把東西賣出去，你就能賺錢。據統計，80％以上的富翁都曾做過推銷人員。美國管理大師彼得·杜拉克曾經說過：「未來的總經理，有99％將從推銷人員中產生。」世界著名的華人富豪，如李嘉誠、蔡萬霖、王永慶等，他們都是從做推銷人員起步的。他們以有限的學曆，不辭辛苦，透過推銷，積累經驗，累積本錢，終於成就了自己的事業。李嘉誠推銷鐘錶、鐵桶，從中學到了做事業的訣竅；王永慶賣米起家，利用其靈活的經營手段，成就其塑膠王國；蔡萬霖與其兄蔡成春從醬油起家到世界十大富商……不一而足。

如果你沒錢、沒資本、沒長相、沒學歷，那無疑推銷是你的最佳選擇。只要你會賣東西，你就能賺到錢；而且賣得越多，賺得就越多。在日常生活中，買賣隨時隨地都在進行。錢從這個人的口袋裡流出，流進了那個人的腰包；然後又從那個人的腰包流出，流進了另一個人的口袋。你只要設法讓錢流進你的口袋，你就成功了。

一個鄉下人去上海打工，他以「花盆土」的名義，向不見泥土而又愛花的上海人兜售含有沙子和樹葉的泥土，結果賺了大錢。美國羅氏公司的創辦人艾德·羅把沙土和鋸屑放在紙袋裡，在袋子上寫著：「貓兒廁，能除濕去臭，問你的貓兒就知道。」結果創造了25億美元的銷售額。

中國最年輕的打工皇帝——年薪300萬元的華中科技大學中文碩士何華彪推銷的是「孫子兵法行銷理論」，他是用轉讓研究成果使用權的方式來進行銷售的。由此可見，在知識經濟時代，懂得的知識越多，懂得的知識越有價值，就會賺到更多的錢。難怪比爾·蓋茲會成為世界首富。

「不管到什麼時候，也無論你預備將來做什麼，我只想說，推銷對每一個人來說真的很重要。學習推銷，就是學習走向成功的經驗；學習推銷，就是人生成功的起點。它是人生必修的一門功課，人人都應該學習推銷，因為它能使你的人生更加輝煌。」

◎充分挖掘你的潛力

做一個出色的推銷員必須有積極的心態。積極成功的心態之所以會使人心想事成，走向成功，是因為每個人都有巨大無比的潛能等待我們去開發；消極失敗的心態之所以會使人怯弱無能，走向失敗，是因為它使人放棄了對偉大潛能的開發，讓潛能在那裡沉睡，白白浪費。

任何成功者都不是天生的，成功的根本原因是開發了人的無窮無盡的潛能。

每一個人都有相當大的潛能。愛迪生曾經說：「如果我們做出所有我們能做的事情，我們毫無疑問地會使我們自己大吃一驚。」從這句話中，我們可以這樣問自己：「我的一生有沒有使自己驚奇過？」

你有沒有聽過一隻鷹自以為是雞的寓言？

寓言說，一天，一個喜歡冒險的男孩爬到父親養雞場附近的一座山上去，發現了一個鷹巢。他從巢中拿了一隻鷹蛋，帶回養雞場，把鷹蛋和雞蛋混在一起，讓一隻母雞來孵。孵出來的小雞群裡有了一隻小鷹。小雞和小鷹一起長大，因而它一直以為自己是一隻小雞。起初它很滿足，過著和雞一樣的生活。但是，當它逐漸長大的時候，它內心裡就有一種奇特不安的感覺。它不時想：我一定不只是一隻雞！只是它一直沒有採取什麼行動。直到有一天，一隻了不起的老鷹翱翔在養雞場的上空，小鷹感覺到自己的雙翼有一股奇特的新力量，感覺胸膛裡心正猛烈地跳著。它抬頭看著老鷹的時候，一種想法出現在心中：養雞場不是我待的地方。我要飛上青天，棲息在山岩之上。

它從來沒有飛過，但是它的內心有著力量和天性。它展開了雙翅，飛升到一座矮山的頂上。極為興奮之下，它又飛到更高的山頂上，最後衝上了青天，到了高山的頂峰，它發現了偉大的自己。

有一句老話說：在命運向你擲來一把刀的時候，你將抓住它的哪個地方：刀口或刀柄。如果你抓住刀口，它會割傷你，甚至使你致死；但是如果你抓住刀柄，你就可以用它來打開一條大道。因此當遭遇到大障礙的時候，你要抓住它的柄。換句話說，讓挑戰提高你的戰鬥精神。沒有充足的戰鬥精神，你就不可能有輝煌的成就。因此你要發揮戰鬥精神，它會引出你內部的力量，並付諸行動。◎有一顆感恩的心，學會飲水思源

有一個被提名超級推銷明星的年輕人，無論在成就還是收入方面都無法與其他被提名者相比，但有趣的是，評委選擇了他，原因就是他在激烈的競爭中得到了自己想要的東西。首先，他與許多從名校畢業的學生競爭一份銷售的工作。這家公司有個規定，只招聘大學畢業生從事銷售員的工作，可是他只受過中學教育。儘管如此，他還是去應聘了這個職位，當然，他被拒

絕了。這並沒有阻止他，他每大去那家公司請求經理錄用他，經理不斷地拒絕。直到有一天，經理終於提供給他一個臨時的銷售職位，他又喜又愁。

愁的是他必須得有一輛交通工具。他窮得連一件新衣服都買不起，更何況買一輛車。他四處籌錢，終於買了一輛非常破舊的有篷貨車，駕駛座下還有個洞。他用木板把洞堵住，這樣腳不至於碰到地。有一次，他的一個客戶要求前往公司的展示廳觀看演示，他就用那輛破車去接客戶，那位客戶並沒有介意。那天雨下得大極了，水從洞裡灌進來，自然，他和客戶都濕透了。年輕的他向客戶道歉，並且保證下次一定用一輛好一些的車來接她。這位客戶問他什麼時候能做到，他回答說，只要他的客戶都能像她這樣通情達理、樂於助人，在不久的將來，他一定能買得起好車。結果他順利地完成了這筆交易。幾個月後，他買了一輛好車。他用新車去把先前那位客戶接出來吃飯，以表謝意。

這個年輕人明白自己想要什麼，而且有那種堅韌的意志去爭取他想要的東西，他知道人們會幫助他實現他的目標。他所要做的就是去問，去要求，於是他得到了他想得到的這份工作，儘管有很多不利因素，他還是勇於要求。他感謝那些曾經幫助過他的人，在成功以後不忘回過頭去表達他的謝意。他是一個飲水思源的成功者。

成功人士，尤其是專業銷售人員，有賴於許多人的支援，不僅僅是他們的客戶。有些推銷人員雖然獲得了巨大的成功，但是他們忘記了那些一開始曾經幫助過他們的人。那些忘恩負義的銷售人員不會獲得長久的成功，因為人們會遠離那些自私的傢伙。對我們所有人來說，我們不應該忘記周圍所有的人。沒有他們美好的祝願、祈福、幫助、機會、理解和愛，我們根本不會成功，我們的成功離不開他們。好比沒有熱情的聽眾，我們無法成為超級歌星。

沒有人願意與那些利用客戶為自己牟利的銷售人員打交道。做生意應該是雙贏的關係，否則的話，你可能會贏一次，但不會長久。想賺大錢，就要讓你的客戶每一次都比你贏利更多。這樣做，看起來似乎很幼稚，但是從長遠來看，你會得到更多的好處。原因很簡單，你會很受歡迎，因為別人能透過你獲得更多的利益。這不會讓你有所損失，只不過讓你盈利得稍微少一點，但是你能夠透過客戶更多的光顧和讚賞來彌補這一切。如果你能比他人給予得更多，你將有什麼樣的感受？誰才是真正富有的人？在你學著給予超過索取，並且學會感謝的時候，你才能真正得到你想要的東西。

◎對你自己你的工作和你的產品都有自信心。

在你要求別人給予幫助，和你給別人幫助的時候，哪一種情況會讓你覺得比較緊張？

如果你向朋友或熟人說：「啊，我的車子正在進行維修，星期六能不能麻煩你帶我去參加宴會？」或說：「嘿，聽說你的車子在維修，要不要我載你一起去參加宴會？」哪一種說法讓你覺得自在一些？

通常幫助別人比要求別人幫助來得輕鬆。因為幫助別人，比要求對方幫助，讓你自信多了。從推銷生涯開始的第一天，你就必須保持這種助人乃助己的心態。

自信心是推銷人員最重要的資產。但是，在推銷領域中，推銷人員大都缺乏自信，感到害怕。為什麼呢？因為他們認為：「無論打陌生電話、介紹產品還是成交，都是我在要求對方幫助，請求對方購買我的產品。」

千萬不要有這種念頭！試試看，換個角度思索：「我認為我可以替客戶提供有價值的服務，因為我已經做好市場調查。我並不是胡亂找人，對方確實需要我的服務，而且我將竭盡所能地幫助他們。」

秉持這種態度，能讓你減少緊張，增加自信，從而完成推銷。

透過自己引以為豪的公司、可信賴的產品、訓練有素的推銷技巧，拜訪確實需要你所提供的產品與服務的客戶，這才是真正的在幫助客戶。

用積極的心態，勇敢的稱自己是推銷人員，你就打開了通向成功的大門，邁出了走向勝利的第一步。

先推銷你自己

推銷，首先是推銷你自己，就是讓顧客喜歡你、信任你、尊重你、接受你；就是要讓顧客對你抱有好感。

◎推銷你的可愛特質

某食品研究所生產一種飲料，一名女大學生前往一家公司推銷，她拿出兩瓶樣品怯生生地說：「這是我們剛研製成的新產品，想請你們銷售。」

經理好奇地打量了一眼這個文縐縐的推銷人員，正要一口回絕，卻被同事叫去聽電話，就隨口說了聲：「你稍等。」打完了一個漫長的電話，經理已忘記了這件事。這樣，這位推銷人員整整坐了幾個小時的「冷板凳」。臨下班時，經理才發覺這位等回話的大學生，感動得要請她吃飯。面對這個訥於言辭的書生，經常與吹起來天花亂墜的推銷人員打交道的老資格經理，內心一下子感到很踏實，當場拍板進貨。這個案例說明，推銷人員在與顧客交往中，他首先要用人格魅力去吸引顧客。

現代推銷強調的一個基本原則是：推銷，首先是推銷你自己。所謂推銷你自己，就是讓顧客喜歡你、信任你、尊重你、接受你，簡言之，就是要讓顧客對你抱有好感。

推銷是與人打交道的工作，在推銷活動中，人和產品同等重要。顧客購買時，不僅看產品是否合適，而且還要考慮推銷人員的形象，他們的購買意願深受推銷人員的誠意、熱情和勤奮精神的影響。

據美國紐約銷售聯誼會統計，71％的人之所以從你那裡購買，是因為他們喜歡你、信任你、尊重你。一旦顧客對你產生了喜歡、信賴之情，自然會喜歡、信賴和接受你的產品。反之，如果顧客喜歡你的產品但不喜歡你這個人，買賣也難以做成。

並且，推銷人員只有「首先」把自己推銷給顧客，顧客樂意與推銷人員接觸，願意聽推銷人員介紹時，才會為推銷人員提供一個推銷產品的機會。在實踐中，一些推銷人員不懂這一道理，見了顧客張口就說買不買，閉口就問要不要，十有八九要碰壁的。其原因在於，在顧客未接受你之前，推銷人員談論產品，進行推銷，顧客本能的反應就是推諉、拒絕，讓你及早離開。

俗話說「細微之處見精神」，推銷人員不要在一些細節上馬虎，否則也會引起客戶的反感。

提早五分鐘到達。時間約定了，就不要遲到，永遠做到比客戶提前五分鐘到達，以形成美好印象，贏得信任。早到五分鐘，你可以有所準備，想想與客戶怎麼說、說什麼等，這樣也不至於見面時語無倫次。不遲到，這是一個成功的推銷人員必備的基礎，也是你博得客戶好印象的一個關鍵。

◎推銷你的真誠

具備良好的人品，是推銷事業成功的基礎；而待人真誠與否則是衡量人品好壞的重要標誌。推銷人員與顧客打交道時，他首先是「人」而不是推銷人員。推銷人員的個人品質，會使顧客產生好惡等不同的心理反應，從而潛在地影響著交易的成敗。被輕工部授予「改革闖將」的蘇州電扇總廠銷售部經理潘仁林總結出的一條銷售準則是：「推銷產品，更是在推銷你的人品。優秀的產品只有在具備優秀人品的推銷人員手中，才能贏得長遠的市場。」可見人品是推銷事業成功的基礎。

向顧客推銷你的人品，就是推銷人員要按照社會的道德規範和價值觀念行事，要表現出良好的道德品質：熱情、善良、勤奮、自信；有毅力、懂自尊；待人誠懇，樂於助人；謙虛謹慎，尊老愛幼，富有同情心……

向顧客推銷你的人品，最主要的是向顧客推銷你的誠實。現代推銷是說服推銷而不是欺騙推銷。因此，推銷的第一原則就是誠實，即古人推崇的經商之道——「童叟無欺」。誠實是贏得顧客好感的最好方法。顧客希望自己的購買決策是正確的，希望從交易中得到好處，害怕蒙受損失。顧客在覺察到推銷人員說謊、故弄玄虛時，出於對自己利益的保護，就會對交易活動產生戒心，結果可能使推銷人員失去那筆生意。

推銷人員要贏得顧客的信任和喜愛，必須真誠地對待顧客。齊滕竹之助認為，即使語言笨拙，只要能與對方坦誠相見，也一定能打動對方的心靈。顧客不是為你的推銷技巧所感動，而是為你的高尚人格所感動。如果成為讓顧客信任的推銷人員，你就會受到顧客的喜愛，而且能夠和顧客形成親密的關係。一旦形成這種關係，顧客就會因為照顧你的情面，自然而然地購買你的產品。其次，推銷人員要經常替顧客著想，站在顧客的立場上考慮問題，進行商談。齊滕竹之助說：最要緊的是對顧客想瞭解、期望、要求的事情全力以赴、誠心誠意地幫助其去辦，儘快、儘早地提供服務；對顧客接待自己並購買自己推銷的商品，要經常懷著感激的心情去與顧客接洽；尊重顧客的想法、知識、人格、職業、地位。

推銷人員在做推銷時，一定要給客戶以真誠的印象，只有這樣，才能贏得顧客的心，進而向其推銷產品。

真誠是推銷的第一步。簡單地說，真誠意味著你必須重視客戶，相信自己產品的品質。真誠、老實是絕對必要的。千萬別說謊，即使只說了一次，也可能使你信譽掃地。正如《伊索寓言》的作者所說：「說謊多了，即使你說真話，人們也不會相信。」我想如果你自始至終保持真誠的話，成交大約是沒有問題的。

例如，在介紹產品時要實事求是。有好說好，有壞說壞，切忌誇大其詞或片面宣傳。一位推銷人員向顧客介紹新產品「乳化橘子香精」的性能時，既講優點，又講缺點，末了還講他們提高產品品質的措施。誠實的態度贏得了用戶的信賴，訂貨量遠遠超出生產能力。

為了你的聲譽，你最好別去欺騙他人，因為被騙的人會把它告訴另一個人，而另一個人又會轉告其他人。失去一樁生意並不意味著你失去了一位客戶，千萬別因為一次交易的微薄利益而得罪客戶，而使你失去大量潛在的生意。當你予人好處的時候，影響就會像滾雪球一樣越來越大，你的錢包自然就會漸漸鼓起來，而聲譽也會相應得到提高。

◎推銷你的服務意識

良好的服務是推銷人員應該具備的首要條件；電意味著我們不僅要做我們該做的事情，還要提供會讓客戶感到額外驚喜的服務。

推銷是一種服務，優質的服務就是良好的銷售。推銷人員只有樂於幫助顧客，才會和顧客和睦相處；時時為顧客著想，為顧客做一些有益的事，才會造成非常友好的氣氛，而這種氣氛是推銷人員在推銷工作順利開展上所必需的。

在世界著名的花旗銀行曾發生過這樣一件小事情：有一個顧客到該銀行的一個營業所，要求能換到一張嶄新的100美元鈔票，說是要為他的公司作獎品用。可是當時這家營業所恰好沒有新鈔票。於是，銀行的一位服務員立刻打電話到其他營業所聯繫，整整花了15分鐘時間，終於從別的地方調來一張新鈔票，隨後，這位營業員十分鄭重地把這張鈔票放進一隻盒子裡，並附上名片，上面寫著；「謝謝您想到我們銀行。」不多久，這位本來是偶然到這家營業所換鈔票的顧客回來開了個帳戶，並存上了25萬美元。

換一張100美元的鈔票，對一家大銀行來說，簡直不值得一提。另外，該營業員也可以用鈔票能正常流通作藉口，不換這張鈔票，更不用說當時這家營業所確實沒有新鈔票。但是正是由於這位營業員具有強烈的為客戶服務的意識，為顧客著想，真誠為顧客服務，才使顧客對這家銀行有了信任感。

服務就是幫助顧客，推銷人員能夠提供給顧客的幫助是多方面的，並不僅僅局限於通常所說的售後服務上。例如，可以不斷地向顧客介紹一些技術方面的最新發展資料；介紹一些促進銷售的新做法；邀請顧客參加 些體育比賽，等等。這些雖屬區區小事，卻有助於推銷人員與顧客建立長期關係。

美國一家企業獲得了輕合金技術資料，覺得適合另一家企業的需要，就提供給這家企業，這樣就給顧客留下了好感。

良好的服務意識是我們推銷人員應具備的首要條件。顧客購買商品，即使有些事情是客戶沒有提出的事項，我們也要主動地提供服務。如果缺乏誠懇、熱忱的服務，從客戶的立場而言，購買意志會產生動搖，失去信心、懷疑推銷人員的承諾是否會如期兌現，所銷售的商品價格是否合理，以及會與別家公司的產品作比較，顧客在做綜合的判斷，深思熟慮後才會有所決定。如果客戶的意志仍然猶豫不決，推銷人員必須將有關商品的實惠，以進一步勸誘的方式做適當的說明和解釋，這是有關推銷成功與否的關鍵所在。

只有讓顧客認可你，喜歡上你，你才可能推銷成功。要想做好推銷工作必須先把你自己推銷出去。

成功始於行動

只有行動起來，真正為你的未來去奮鬥了，你才可能成功。成功始於行動。

◎做好準備再出發

當你真正準備開始一項了不起的行動時，你需要花費大量的時間，以確保萬事俱備；哪怕是只欠東風，也要考慮它能為你而用的可能性。

推銷人員在推銷之前，總是要做一些準備。即使是一次陌生拜訪，你也不會為了敲門而敲門。你要做一些研究，以保證敲對門。根據推銷人員所提供的產品或服務的不同，這種準備或基礎工作也不同。但透過事先的準備工作，推銷人員會從潛在客戶身上發現盡可能多的資訊，例如他的生活習慣、他的家庭、他的關切點、他的興趣、他的愛好、他的要求、他的需要、他的渴望，一切有關的資訊。

有了這些，當推銷人員進入推銷階段，就能說出客戶的問題所在（因為他已經做過準備），並向客戶提供解決方案。此時，客戶會對你產生良好的印象，不需要你做更多的工作，他會很快地接受你提出的解決方案。

「時刻準備著」並不僅僅是美國童子軍的座右銘，它也應該是每一位推銷人員的座右銘。因為如果對推銷做了充分準備，會大大增強推銷人員的自信心。當你對本公司以及競爭對手的產品都瞭若指掌，並且掌握客戶存在哪些問題，同時能夠提出解決辦法時，客戶就會產生你與其他推銷人員不同的印象。而要達到這一步，唯一的方法就是你必須事先做充分的準備。

全美最大的房地產開發商約翰·W·加爾佈雷斯也深感推銷前做好準備的重要性。他的兒子丹現在是該公司的負責人，加爾佈雷斯常常會興致勃勃地講起，丹曾經如何為一次重要的推銷活動做好充分準備，「有一次，我和丹正和一家大公司的總裁商談一筆生意，這筆生意牽涉到我們一幢價值600萬美元的大樓的售後回租事宜。這類生意往往需要你對所談到的利率和租金了如指掌。利率波動一個小數點就可能導致10年或20年多收或少收一大筆租金。所以，在和這家公司會談前，我建議丹背下那些利率幅度在3·5％與5·5％之間的租金表。」

「也許你想不到，當我們進入談判的最後階段時，那家公司的老闆要求我們算出幾個與不同利率相對應的不同租金數額。他一定以為我們會向他借計算器，但是我們卻沒借，丹毫不費力地、飛快地算了出來。那位老總自然也就明白了丹在開會之前早已做好充分準備。他當然知道沒有人能夠如此快地心算出那些利率，但是丹顯然給他留下了深刻的好印象。丹贏得了他的尊敬，他也就對我們充滿了信心——我們終於成交了。」

加爾佈雷斯堅持認為「你必須做好準備，因為那是一切的基礎。你對你的生意瞭解得越多越好。沒有什麼比你走進別人的辦公室卻浪費了別人的時間更無禮、更放肆的了；要是你不能回答他們所有的問題，你就是在浪費他們的時間，也包括你自己的時間」。

◎努力爭取與客戶面對面的機會

想要獲得良好的交流效果，最好的溝通方式莫過於看見對方的眼睛。因此，努力爭取與客戶面對面的機會就顯得非常重要了。

推銷的最終目的在於激發顧客的購買欲望，促使顧客採取購買行動。而要激發客戶的購買欲望，就必須獲得與客戶面對面的交流機會。

在接近顧客階段，推銷人員已成功地引起顧客的注意和興趣，贏得了向顧客開展推銷洽談的寶貴機會。為使洽談能有效進行，使顧客能主動參與洽談，推銷人員必須在洽談開始階段就深深打動顧客，洽談題材緊緊圍繞顧客的需要永遠是正確的做法。為此，推銷人員在談判之初必須設法找出此時此刻的顧客需要，投其所好地開展推銷洽談，至少應使洽談在友好、合作的氛圍中展開，並提高洽談的效率。

有一些推銷人員，在贏得了洽談的機會之後，就滔滔不絕地介紹自己的產品，或自己的價格政策，或對顧客的優惠措施，唯獨不去思考、判斷此刻顧客在考慮什麼，他最關心的是什麼。所以往往說了半天，最後被顧客不耐煩地一句「如果需要你的產品，我會跟你聯繫的，再見」而敷衍了事。

為了能迅速使推銷圍繞顧客需要展開，在面對面的交流中，推銷人員可以掌握推銷對象的一般需求規律，並以此為題進行試探性地介紹與提問，盡量動員顧客開口說話。表達他的意圖，以準確判斷顧客的真正需要。

隨著社會主義市場經濟的不斷發展，人們接觸推銷人員的機會越來越多，人們購買的理智性和選擇性越來越強。有關研究表明，人們總是更願意相信那些客觀、恰當的推銷陳述，總是為那些客觀、恰當地介紹自己的推銷產品和服務，客觀、恰當、公正地看待其他競爭者，以及客觀、恰當地回答和承諾顧客要求的推銷人員所說服。

客觀、恰當地傳遞資訊必須堅持以事實和現實可能性為基礎，並引導顧客對購買評價予以足夠重視。例如，有一位顧客需要購置一套中文電腦處理系統，可是，顧客要求以一個很好的價格購買。此時，在面對面地交流中，推銷人員可以詳細地引導顧客更全面地認識和評價這一購買決策的其他因素，如售中、售後服務，培訓、維修、升級，等等。事實上，大多數顧客並不十分清楚哪些是在購買決策時需考慮的重要問題。

面對面交流還能誘發顧客的購買動機

心理學研究表明，購買行為受到購買動機的支配，而購買動機又源於人的需要。所謂滿足需要，就是在瞭解顧客需求的基礎上，幫助顧客解決問題。因此，誘發顧客的購買動機，也就是先瞭解顧客的需要，說明顧客明確問題、思考問題，尋求解決問題的方案。

從顧客購買動機看，顧客不是購買流行時裝，而是購買美麗大方，顧客不是購買處動化機床，而是購買效率和加工手段；誘發顧客的購買動機，必須訴諸顧客的需要，讓顧客知道推銷產品所能帶來的好處或效用。在交談中，一方面，推銷人員可以利用社會的健康合理的消費觀念和消費風氣，誘發顧客的購買動機；另一方面，也可以利用顧客的需要和面臨的問題，說服顧客接受新觀念，改變原有的消費習慣和態度，購買新產品。

三條黃金定律

望聞問切，既是傳統優秀的中醫之道，也是推銷職場的制勝法寶。切，即切其點，察其道；聞，即聽其聲，解其意；問，即順其情，知其意；望，即觀其色，辨其行。

◎有效聆聽，儘早收到購買訊息

推銷大師說，允許顧客有機會去思考和表達他們的意見。否則，你不僅無從瞭解對方想什麼，而且還會被視作粗魯無禮，因為你沒有對他們的意見表現出興趣。

最重要的是，洗耳恭聽可以使你確定顧客究竟需要什麼。譬如，當一位客戶提到她的孩子都在私立學校就讀時，房地產經紀人就應該明白，所推銷的住宅社區的學校品質問題對客戶無關緊要。同樣，當客戶說：「我們不屬於那種喜歡戶外活動的人。」房地產經紀人就應該讓他們看一些占地較小的房屋。

股票經紀人尤其應該成為好聽眾，因為他們主要透過電話做推銷。例如，當客戶詢問每一家推薦公司的股息情況時，一位善於觀察的經紀人就應該意識到自己必須強調投資的收益。

很顯然，對於推銷人員來說，客戶的某些語言訊息不僅有趣，而且肯定地預示著成交有望。認真地聆聽客戶的談話，並不代表這種聆聽沒有目標，只是泛泛地聽。一個善於聆聽的推銷員應該能夠在聆聽的過程中，儘早聽到客戶有關購買意願的訊息。只有這種能夠捕捉到有效訊息的聆聽才稱得上是有效的聆聽。相信下面兩個典型的例子將會給你帶來深刻的啟發。

「我認為市場調查可以結束他們的爭論。」阿姆斯說，「我建議這樣做，他們也同意了。我們事實在手，提交的不是你或他的個人意願，而是調查結果，我們贏得了這筆生意。」

依通常標準，有嚴重的語言功能障礙的亨利．艾姆斯，他根本不可能做推銷人員。但亨利的確是個極優秀的推銷人員。他很少開口，高談闊論對他來說有困難，潛在顧客聽起來更困難，但他會提出問題，引導顧客相信他，他只用有限的話語達成一筆交易，更多的推銷人員應該從中借鑒一點經驗。

◎巧妙的提問能贏得顧客喜愛

好的醫生透過恰當的提問來瞭解病人的病情；好的推銷員透過巧妙的提問來贏得客戶的喜

愛。

在推銷過程的每個階段，推銷人員都可能並且應該有針對性地提問。無論哪種形式的推銷，為了實現其最終目標，在推銷伊始，推銷人員都需要進行試探性的提問與緊隨其後的仔細聆聽，以便顧客有積極參與推銷或購買過程的機會。然而，問題是，大多數推銷人員總是喜歡自己說個不停，希望自己主導談話，而且還希望顧客能夠舒舒服服地坐在那裡，被動地聆聽，以瞭解自己的觀點。但是，對於推銷人員來說，最重要的是，要盡可能有針對性地提問，以便使自己更多更好地瞭解顧客的觀點或者想法，而非一味地表達自己的觀點。

推銷人員可以在推銷周期內的各個階段運用有針對性的提問技巧：在打電話與顧客商量見面的時間和地點時，在初次拜訪顧客時，在尋找合適的顧客時，在需要瞭解推銷對象的公司及其部門的情況時，在與顧客討論公司產品的特點和好處時，在做產品示範或進行產品展示時，在處理顧客的反對意見、關切、懷疑、誤解及不實際的預期時，在與顧客商談推銷合同的條件及其內容時，在結束交易時，等等。

門鈴響了，當主人把門打開時，一個衣冠楚楚的人站在大門的臺階上，這個人問道：「家裡有高級的食品攪拌器嗎？」男人怔住了。這突然的一問使主人不知怎樣回答才好。他轉過臉來看他的夫人，夫人有點窘迫但又好奇地答道：「我們家有一個食品攪拌器，不過不是特別高級的。」

推銷人員回答說：「我這裡有一個高級的。」說著，他從提包裡掏出一個高級食品攪拌器。接著，不言而喻，這對夫婦接受了他的推銷。假如這個推銷人員改一下說話方式，一開口就說：「我是×公司推銷人員，我來是想問一下你們是否願意購買一個新型食品攪拌器。」你想一想，這種說話的推銷效果會如何呢？

因此，推銷實踐中，我們應注意提問的表述方式。如，一個保險推銷人員向一名女士提出這樣一個問題：「您是哪一年生的？」結果這位女士惱怒不已。於是，這名推銷人員吸取教訓，改用另一種方式問：「在這份登記表中，要填寫您的年齡，有人願意填寫大於二十一歲，您願意怎樣填呢？」結果就好多了。經驗告訴我們，在提問時先說明一下道理，對洽談是很有幫助的。

獲得資訊的一般手段就是提問。洽談的過程，常常是問答的過程，一問一答構成了洽談的基本部分。恰到好處的提問與答話，更是有利於推動洽談的進展，促使推銷成功。

◎正確解讀肢體語言

聰明的人，從來都不會只是用耳朵來聽別人的說話，他更多的是用眼睛來判斷對方想說卻又沒說出來的話。

任何人如果學會仔細觀察他人的身體語言訊息，對於自己的工作和個人生活都會獲益匪淺。

非語言訊息，不僅能夠傳遞大量的個人資訊，而且還能培養自己對事物的敏感性，有利於同他人建立良好的人際關係。如果人們能夠發現並解讀他人發出的各種訊息，而且能夠適時地做出適當的反應，那麼，無論是在人際關係、討論、談判還是在推銷訪問等方面，他都能占盡優勢，控制局面。

如果能夠透過身體語言瞭解對方的心思與情緒，同時自己能夠適時地做出反應，一般地，你就可以引出自己想要的結果。從其他人的身體語言中，人們可以知道自己應該何時改變應對措施，以及如何去改變應對措施。比如，應該何時改變自己的推銷訪問策略、產品展示會日程，或者個人風格等。也就是說，在推銷人員與顧客的推銷談話中，需要適時加入一點新東西，比如，調整自己的身體語言，多展示一些產品的好處，或者採取其他技巧來實現自己的推銷目標。

從對方的身體語言反應中，我們可以知道對方究竟瞭解到了多少談話的內容。如果對方表現出一臉呆滯的樣子，或者只是木然的凝視，那麼，我們就可據以推斷出，對方已經分心，或者說對方在想自己的心事了。此時，說話者可以暫停片刻，或者問一問聆聽者是否瞭解剛才說的話，或者說話者再重複一遍剛才說過的重點，給對方多一點時間來消化，吸收資訊。

一般地說，有洞察力的推銷人員都知道，在推銷過程中，非語言訊息的影響力要比單純的語言的影響力大得多。當推銷人員越來越熟練地解讀對方的非語言訊息時，他們就能更快、更容易。

除了能正確解讀肢體語言外，還要注意語調。

一個人是友好還是敵意，是冷靜還是激動，是誠懇還是虛假，是謙恭還是傲慢，是同情還是譏笑，都可以透過聲調表現出來，而言語本身有時倒並不顯得十分重要，因為詞語的含義是會隨著聲調而變化的。

恰當而自然地運用聲調，是順利交往和推銷成功的條件。一般情況下，柔和的聲調表示坦率和友善，在激動時自然會有顫抖，表示同情時略為低沉。不管說什麼話，陰陽怪氣的，就顯得冷嘲熱諷；用鼻音哼聲往往表示傲慢、冷漠、惱怒和鄙視，是缺乏誠意的，自然會引起別人的不快。假如你想問推銷對手一個不懂或不敢肯定的問題，你以討教的口氣，說得十分謙虛和誠懇，這樣別人就樂於告訴你，相互之間就會感到很默契。可在有的時候，你可能不肯放下架子，恥於下問，生怕被別人看輕了，於是就會以一種考考別人的口氣發問，似乎自己早已知道，只是想考考對方而已。這樣，別人會感到你沒有誠意，也就不會鄭重其事地回答你；相互間就有了一層隔膜。如果你還帶著鼻音發問，那麼就流露出這樣的態度：哼，我看你就不懂！這樣，對方往往會回敬你一句：「難道你懂嗎！」於是相互間就無法溝通，推銷也就無法順利進行下去。

找到你的客戶

一個不知道碼頭在何方的舵手，任何風對他來說，都不會是順風；一個不會尋找客戶的推銷員，任何商機對他來說，都不會是良機。

◎尋找商機

誰有可能購買你的產品，你打算把你的產品或者服務推銷給誰，誰就是你的潛在客戶。

尋找潛在客戶是一項艱巨的工作，尤其是你剛剛從事推銷這個職業，你的資源只是你對產品的瞭解，除此之外，你一無所有；你會透過很多種方法來尋找潛在客戶，而且你花在這上面的時間也非常多。

新業務中最具潛力的一塊就是現有的客戶群。拿汽車銷售來說，由於代理人的存在，目前汽車行業是最具競爭性的行業之一，可以透過不斷提供極佳的產品來吸引新買家。美國的W先生在過去的30年中一直在購買汽車，而且總是透過代理人購買。一名職業推銷人員一定會在汽車售出後三個月和W先生聯繫，以確認W先生對該產品是否滿意。他或她會在一年後和W先生再次接觸，看看是否一切正常，或是瞭解一下W先生是否想換車。第三次接觸會在18個月後，而第四次是在兩年後，最後可以幾乎肯定的是，W先生會換車。推銷人員更願意做新生意而不是長期重複的問候。

除了利用原有的客戶以外，還要善於拜訪陌生人，開發新的客戶源。

齊藤先生，是日本壽險推銷的老前輩，在他剛剛從事推銷保險的時候，他去參加公司組織的旅遊會，在熊谷車站上車時，正好看到一個空位，就坐了下來。當時，那排座位上已經坐著一位約三十四五歲的女士，帶著兩個小孩，他知道這是一位家庭主婦，於是便動了向她推銷保險的念頭。

在列車臨時停站的時候，齊藤先生買了一份小禮物，很有禮貌地送給兩個小孩子，並同這個家庭主婦閒談起來，一直談到小孩的學費，還談到她丈夫的工作內容、範圍、收入等。那位女士說，她計畫在輕井車站住一宿，第二天坐快車去草津。齊藤先生答應可以為她在輕井車站找旅館。由於輕井是避暑勝地，又逢盛夏，自己出來旅行的人要想找旅館是相當困難的，那位女士聽後非常高興，並愉快地接受了。當然，齊藤先生也把自己的名片遞給了她，在背面寫著介紹住店的內容。兩周以後，那位女士請求齊藤先生見一下她的丈夫，而就在那天，他的推銷獲得了成功。

做陌生拜訪，隨時隨地都可以，比如買菜、逛商店、買花，即使在醫院都可以實實在在地做成保險，潛在的準客戶就在你身邊，只要你勤於發現與發掘。

如果能夠借助他人的介紹，可使的工作事半功倍。

有時報紙、雜誌上會登出需求資訊，根據這些資訊可以順利地找到目標客戶。報紙、雜誌上登載的某些消息，如新公司的成立、新商店的開業，也是很重要的。

這些公共情報的來源是很多的，並且他們都是公開的。現有房屋的名單，可為房屋供應商、殺蟲劑和傢俱供應商提供目標客戶。稅收名冊也有助於確定一定財力範圍內人員的名單，可向他們推銷諸如汽車一類的產品。透過電話聯繫、直接郵寄或私下接觸，都可以尋求目標客戶。

◎把潛在客戶變成真正的客戶

你已經擁有了一個明確的目標卻不代表你已經實現了這個目標。在目標和現實中間，還有一段很長的路要走。

你找到了你的潛在客戶，可是光有潛在客戶是不夠的，你必須使他們成為你真正的客戶，你必須在「怎樣才能使你的潛在客戶下決心購買你的產品」上下工夫。

假如你正在向一位零售客戶推銷服裝。她喜歡那件衣服卻猶豫不決。你說，「讓我想想，你最遲要在下周日拿到衣服。今天是星期五，我們保證在下周六把貨送到。」

你不必問她是否想買，你只是假設她想買，除非有明顯的障礙（如沒有能力支付），否則你將當場完成銷售。

若改變推銷方法，問她：「你想什麼時間拿到這件衣服？」那麼她一定會猶豫不決，如果你有些猶豫，那麼你的客戶也會猶豫；假如你有膽怯的心理，那麼她也會有同感。因此，你必須充滿自信，顯得積極有力。

一位管理顧問正想租用昂貴的曼哈頓寫字樓。租賃代理知道他的經濟情況，向他推薦了一套又一套的房間，從未想過她的潛在客戶會不租房子，只是在想：哪一套房間最適合我的客戶？

在介紹不同的辦公室之後，她斷定該是成交的時候了。

她把潛在客戶帶進了一套房間。在那裡，他們俯看東江，她問道：「你喜歡這江景嗎？」

潛在客戶說：「是的，我很喜歡。」

然後，這位泰然自若的推銷人員又把客戶帶到另一套房間，問他是否喜歡那天空的美景。

「非常好，」那客戶回答。

「那麼，您比較喜歡哪一個呢？」

顧客想了想，然後說：「還是江景。」

「那太好了，這當然就是您想要的房間了，」推銷人員說。

真的，那位潛在客戶沒有想到拒絕，他租用了。

自始至終你只須善意地假設顧客會買，然後平靜地達成交易。

當承包商賽莫．霍瑞——他那個時代的最偉大的推銷人員之一，開始同佛蘭克林．屋爾斯討論關於興建美國的屋爾斯大廈時，他們完全陷入了對立狀態。

經過另一次毫無收穫的拜訪（同樣的逃避和猶豫），霍瑞略微表現出不滿，他站起身來，伸出手說：「我來作一個預測，先生，您將會建造世界上最宏偉的大廈，到那時我願為您效勞。」

他走了。

幾個月之後，當大廈開始動工時，屋爾斯對這位高級推銷人員說：「還記得那天早晨你說的話嗎？你說，如果我要建造世界上最宏偉的大廈，你將為我效勞。」

「是的。」

「噢，我一直銘記在心。」

當然，你沒有推銷上百萬美元的大廈，但同樣的推銷技巧也會對你的產品或服務奏效的。

帶著與推銷屋爾斯大廈同樣的假設、同樣的自信、同樣的安詳和信念，你也將會達成交易。

還在等什麼呢？你知道你的潛在顧客一定會買！

當你拿起響著的電話時，聽筒另一端傳來聲音：

「嗨，您是鐘先生嗎？」

「你是……」

「您好，我是雷佛汽車公司的蘇西。」

「喔。」你不想和這傢伙談話，想掛斷電話。

且讓我們換個劇本瞧瞧：

電話鈴響了，你拿起聽筒。

「喂？」

「嗨，您是鐘先生嗎？」

「你是……」

「鐘先生，我是雷佛汽車公司的蘇西，你妹妹蓓琪讓我打電話給你。」

「喔，嗨！」

不管你打電話的技巧多麼高明，不管你在潛在客戶身上下了多少工夫，不管你的商品和服務多麼棒，這一切全比不上別人的推薦來得有效。你或許能借潛在客戶的朋友、親戚、生意夥伴，甚至他老闆的名義，將自己介紹給他。有了熟人介紹，你就已經跨入門內，贏得他的注意和信任。

此外，經由客戶推薦往往能促成潛在客戶的出現，因為客戶很少會介紹那些對你的商品完全不感興趣的人給你。

那麼，你要如何贏得推薦？

這得靠你自己開口問了。當交易完成後，你不妨請客戶介紹其他人給你。但這個過程並不如想像中那樣容易。如果你只問客戶，他有沒有朋友想買汽車、小狗或電腦，他大概會隨口答說「沒有」或「目前沒有」。這種答案，千萬別信以為真！

你的客戶可能在一個星期裡曾遇見許多人，但在你問他的那一瞬間，他很難立即給你一個比「沒有」或「目前沒有」更好的答案，因為他不可能馬上回想起所有曾見過的人，更別說那些人的個性或他們有些什麼需要。

贏得顧客的心

如果說歌星是靠優美的歌聲來撩動聽眾的心，演員是用豐富的演技來俘獲觀眾的心，那麼一個成功的推銷員則同時需要聲音和技巧兩種武器來贏得顧客的動心。

◎一次示範勝過一千句話

藝術的語言配以形象的表演，常常會給你帶來意想不到的驚人效果。百聞不如一見。在推銷事業中也是一樣，實證比巧言更具有說服力，所以我們常看見有的餐廳前設置著菜肴的展示櫥窗；服飾的銷售方面，則衣裙洋裝等也務必穿在人體模型身上；建築公司也都陳列著樣品屋，正在別墅區建房子的公司。為了達到促銷的目標，常招待大家到現場參觀。口說無憑，如果放棄任何銷售用具（說明書、樣品、示範用具等），當然絕無成功的希望。

俗話說：「買賣不成話不到，話語一到賣三俏。」可見推銷的關鍵是說服。推銷人員要讓產品介紹富有誘人的魅力，以激發客戶的興趣，刺激其購買欲望，就要講究語言的藝術。

美國紐約「成功動機研究」主持人保羅在進行大量研究後發現，優秀的推銷人員都會巧妙地利用人們喜歡聽故事的心理去取悅客戶。

一位推銷人員在聽到客戶詢問「你們產品的品質怎樣」時，他沒有直接回答，而是給客戶講了一個故事：「前年，我廠接到客戶的一封投訴信，反映產品品質問題。廠長下令全廠員工自費掏錢坐車到一百公里之外的客戶單位，當全廠員工來到客戶使用現場，看到由於產品質量不合格而給客戶造成很大損失時，感到無比的羞愧和痛心。回到廠裡，立刻召開了品質討論會，決定把接到客戶投訴那一天，作為『廠恥日』。結果，當年我廠產品就獲得了省優稱號。」推銷人員沒有直接去說明產品品質如何，但這個故事讓客戶相信了他們的產品品質。

推銷人員既要用事實、邏輯來說服客戶，也要用鮮明、生動、形象的語言來打動客戶。打動客戶感情的有效方法是對產品的特點和利益進行形象描述，以增強吸引力。

幽默，是推銷成功的金鑰匙，能迅速打開客戶的心靈之門，讓客戶在會心一笑後，對你、對產品或服務產生好感，從而誘發購買動機，促進交易的迅速達成。

你在推銷產品過程中，僅僅向客戶介紹產品的外觀形態是不夠的，還應該向客戶示範怎樣使用產品，產品有哪些實際功能和特點。在條件允許的情況下，可以讓客戶親自做示範，這樣要比推銷人員單獨做示範更能引起客戶的興趣。

有一位陳先生，曾在一家汽車修理廠工作，同時也是一位極活躍的推銷人員，不管新車或舊車，總是自己開著去拜訪想買的客戶。

「這部車子，我正要將它送到買主那裡，張先生，您也可以順便看一看如何？我想把他有缺點的地方修理好了再送去，只要你張先生這樣有經驗的人說一聲『好』，我就可以更放心了。」

一邊說著就一邊和張先生一起駕駛這輛車子，開了一兩公里路，徵求客戶的意見：「張先生，怎麼樣？您有沒有什麼指教？」

「有的！我覺得方向盤好像鬆了一點。」「好！您真是高明！我也注意到這個部分有問題，還有沒有其他意見？」

「引擎很不錯，離合器也很好。」

「好！好！您的確是很有經驗，佩服！佩服！」

「陳先生，這輛車子要賣多少，我不是想買，問問價錢，我只是打聽打聽行情。」

「這樣的車子，您一定曉得值多少，您出多少錢？」

假定這時生意還是沒談成的話，可以一邊試車一邊再商量，最後必可做成這筆生意，尤其是推銷舊車子，有100％的成功機率。

◎告訴客戶你將帶給他的利益

無論你怎樣竭力地勸服你的客戶，你都需要讓他明白：這是他所必需的。這是全部問題的關鍵之所在。

說服客戶購買的最好的辦法，就是使客戶意識到購買了你所推銷的產品以後，將會得到很大的利益，使客戶感到他需要這種產品，並且迫切地需要購買，這是一種冒最小的風險、取得最大利益的活動，因此，推銷人員必須致力於談論利益。

此外，還必須將購買後的利益具體化、現實化，使其可信也可及。

「這個電熱毯自動控制，不用擔心溫度過高或偏低，有兩個開關分別設置在兩邊，不用起身就可以從任意一邊關啟電源；它寬1．5米，長2米，可供雙人床鋪用；重1．5千克，搬運或存放都很方便；它所用的面料可以水洗，不用多花錢就可以保持褥子乾淨……」

第一種說法談的都是電熱毯的特點，而忘了談論它的好處，忽視了推銷面談的中心是客戶，而不是產品。而第二種介紹方法則是邊講邊議，在介紹產品特點的同時提及所帶來的各種好處，使客戶覺得購買這種電熱毯可以獲得許多利益，必定樂意購買。

不同的客戶群體對產品的利益需求是不同的，因此推銷人員在告訴客戶他將獲得的利益方面應有所側重。

對中低收入階層來說，他們更在意價格。推銷人員就要介紹產品在性能好的同時，能節省客戶的金錢。

對中等收入階層來說，他們對產品的性能更關注。推銷人員要強調產品在性能方面的優越性，花同樣的錢享受更多的服務，客戶一定會滿意的。

對富裕階層來說，他們更注重產品與身份相符，或是滿足他們的一些特殊需要。對這類客戶要強調產品的高級和氣派，強調產量不高但客戶穩定，並且有一些獨特的功能。

徐先生曾講述過這樣一件事：

他打算買一張辦公椅，在傢俱店裡看到一貴一賤兩張椅子，不知如何挑選。

店員看徐先生試坐兩張椅子後，告訴徐先生：「4500元的這張椅子坐起來較軟，覺得很舒服，反而6千元的椅子你坐起來覺得不是那麼軟，因為椅子內的彈簧數不一樣，6千元的椅子由於彈簧數較多，絕對不會因變形而影響到坐姿。不良的坐姿會讓人的脊椎側彎，很多人的腰痛就是因為長期不良的坐姿而引起的，光是多出的彈簧的成本就要將近600元。同時，這張椅子旋轉的支架是純鋼的，它比一般非純鋼的椅子壽命要長一倍，不會因為過重的體重或長期的旋轉而磨損、鬆脫，這一部分壞了，椅子就報銷了，因此，這張椅子的平均使用年限要比那張多一倍。你這張坐一張，那張要坐二張，純鋼和非純鋼的材料價格會差到1千元。另外，這張椅子，看起來不如那張那麼豪華，但它完全上依人體工學設計的，坐起來雖然不是軟綿綿的，但卻能讓你坐很長的時間都不會感到疲倦。一張好的椅子對經年累月坐在椅子上辦公的人來說，實在是非常重要的。這張椅子雖然不是那麼顯眼，但卻是一張用心設計的椅子。老實說，那張4500元的椅子中看不中用，是賣給那些喜歡便宜的客人的。」

徐先生聽了這位店員的說明後，心裡想到：還好只貴1500元，為了保護我的脊椎，就是貴3千元我也會購買這張較貴的椅子。

無法去拒絕你

面對兩個不同的客戶，身無分文的那個人走了，那是他的錯；口袋盈實的人也走了，這卻是你的錯。對於任何一個顧客來說，他沒必要找出一個理由來接受你，卻可以找無數個理由來拒絕你。關鍵就在於你如何去巧妙地應對。

◎人們為什麼會拒絕

「銷售始於被拒絕時」是推銷人員的始祖雷德的名言。確實，你遇到過「嗯！你來得正好！事實上，我正要這些東西。千思萬盼，總算把你等到了」這樣的客戶嗎？你肯定沒有遇到過，因為人們習慣於拒絕。

人是有思想、有感情、有需求的高級動物。你向人們推銷，他不需要這種產品時，一定會拒絕你；他口袋裡沒有錢時，當然會拒絕你；他對你和你的產品不瞭解時，可以拒絕你；他對你的推銷不理解時，可以拒絕你；他沒有考慮到自己有這種需要時。可以拒絕你；他太忙時，可以拒絕你；他情緒不佳時，可以拒絕你；他太興奮時，可以拒絕你；他對你的形象有點看不順眼時，可以拒絕你；天下雨時，他可以拒絕你；天放晴了，他又可以拒絕你……總而言之，他可以用任何一個藉口，用任何一條理由，甚至是不成其為理由的理由，就可以毫不留情地直統統地拒絕你。

客戶拒絕你的推銷的理由有成千上萬條，贊同你的推銷的理由卻只有一條：現在就需要；而且還要附帶一個嚴酷的條件：口袋裡有現金。

這時的你，就應該思考如何回應拒絕了。

被拒絕時，先自我思考一下「為什麼？是因為產品或服務無法讓他滿意嗎，還是他根本就不想再和你交談」。總之會有理由，我們不妨花些時間，理清思路，找到被拒絕的原因及應對方法。

要想弄明白客戶拒絕的真正理由，只有透過與他對話，從他的語言、神態表情及身體動作等方面去猜測和分析。

只要客戶不拒絕與你對話，你用某些預先設置的提問去「套」他，就會發現拒絕的真正理由。只要你瞭解了拒絕的真正理由，便可以對症下藥，用你已經準備好的一套套的推銷語言和技巧去說服他。

◎與客戶談判的技巧

談判是一場沒有硝煙的戰爭，也需要講究進退均衡的技巧。

推銷也如同打仗一樣，推銷桌上雖然不像戰場上那樣刺刀見紅、互相殘殺，但亦是互相交鋒、爭鬥激烈。有時要堅持談下去；有時則要暫時休會，下次再談；有時要據理力爭，討價還價，有時需要暫時退卻，待機而進。商戰如同兵戰，推銷桌上戰術技巧的靈活選擇和嫻熟運用，全憑推銷人員的經驗與智慧了。

美國人的哲學是贏的哲學。或許人們把運動場上求勝的觀念太過於引申到商場上了。事實上，求勝的形象並不是進行談判的最好選擇。理由是有一位贏家即意味著有一位輸家，這會完全扭曲了談判的整個目的。就是想贏得一切的動機，使許多談判者不願放棄任何一點利益，不願承認自己的弱點。然而有所捨棄也是成功要素。一位賭馬老手絕不會押注在全部九匹馬上。他知道有贏相的馬兒就只有這兩三匹，他也只押注在這幾匹有贏的希望的馬上；他知道，如果他九匹馬都賭，很可能會輸去絕大部分的所押賭注，所以他堅持自己的計畫、立場。同樣地，你必須學習，有時候贏可定義為放棄或退出到局外。

凱恩是一位銷售員，代表一家公司與需要暫時幫助的公司簽約並給予協助。這家公司需要大量文字處理操作人員的幫助。凱恩公司擁有許多有打字技巧的員工，有些是大學生。他知道他們並不真正符合條件，不過契約報酬優厚，他經不住這份誘惑。他通知他公司的人事部門儘快訓練這些打字員，他馬上要把這些打字員送到簽約公司操作客戶的機器前。凱恩所依賴的是工作人員和簽約公司的管理人員能建立良好的關係，他知道他選定的人員有基本的技能、外貌、個性很吸引人。他深信他們能在一段不太長的時間內精通對方機器，而他也會有一筆豐厚的傭金收入。

不過，事情並沒這麼順利。簽約的客戶欣賞派遣人員工作勤奮、為人誠懇這個事實，不過他們對推銷人員的誇大、錯誤描述頗不諒解，他們抱怨道：「如果我們需要受訓者，我們幹嗎找你們幫忙？」凱恩犯此大錯，連失二城，不僅派遣前往的文字處理操作人員全被解雇，而且原先凱恩公司在該公司取得合法地位的成員也全部被取代。凱恩面對的這位購買代理商是位有原則的人，他不願與不承認自己缺點的人做生意。

「退一步，進兩步。」以退為進是談判桌上常用的一個制勝策略和技巧。

打仗也好，經商也好，推銷也好，暫時的退卻是為了將來的進攻。這也是「退」與「進」的辯證法在談判桌上的靈活運用。

◎給顧客一個購買原理由

優秀的推銷員對一個事實再清楚不過，那就是：很多顧客在購買他們的產品之前，原本沒有那個打算。

沒有一個人會買一個對自己來說沒有用的東西。他們之所以購買你的產品，肯定有購買的理由。推銷人員必須讓你的客戶明白你所推銷的產品會帶給他什麼用途，即你必須明確地告訴客戶：購買產品的理由。

推銷活動是買賣雙方均得利的公平交易活動，要想達成交易，就得使雙方都滿意，如有一方受到損失，這項交易肯定不能成功。推銷人員從交易中得到的好處是誰都明白的，那麼你應該讓客戶知道他能透過購買你的產品得到什麼利益。你必須承認，我們人類天生有懶惰的本性，所以客戶不會主動思考你的產品會給他帶來什麼好處。他要求你向他講出，而且，這就是考驗你的時候，哪個推銷人員打動了他的心，他就會買哪個推銷人員的產品。

人們如饑似渴地盼望不勞而獲，或至少有那樣的幻想。在推銷過程中，你可以利用人們的這種心理，使用一種誘導物。

這種誘導物可能是一件很微小的東西——一張街道指南、一張公路地圖、一個檯曆——一件值不上幾美元的東西。但它卻對一些價值幾千美元的大交易的完成產生了推動作用。

喜歡牧羊犬的凱文是一名售樓先生，他常常在出售房屋時帶著他的小狗。有一天，凱文碰見了一對中年夫婦，他們正在考慮一棟價值 248000 美元的房子。他們喜歡那棟房子及周圍的風景，但是價格卻太高了，這對夫婦不打算出那麼多的錢。此外，也有一些方面——如房間的設計、洗手間的空間等，令他們不十分滿意。

凱文幾乎要放棄了，因為銷售成功的希望很渺茫，正當那對夫婦打算告別時，那位太太看見了那只小狗，並問：「這只狗會包括在房子裡嗎？」凱文回答：「當然了。沒有這麼可愛的小狗的房子怎麼能算完整呢？」

這位太太說他們最好是買。丈夫看見妻子這麼喜歡，也就表示同意了，於是這筆交易就達成了。這棟價值 248000 美元的房子的特殊誘導物竟是一隻小牧羊犬。

凱文用不同的誘導物——櫻桃樹或草坪進行試驗，來同競爭者的優惠卡相比較。這些誘導物實際上並不值錢，卻勝過現實的優點。你怎麼都不會想到一隻溫順的、會搖尾巴的小狗會促成 248000 美元的一筆大交易。

除了提供額外價值外，還要滿足客戶好奇的心理。

夏末秋初，美國西雅圖的一家百貨商店積壓了一批襯衫。這一天，老闆正在散步，看見一家水果攤前寫著「每人限購一公斤」，過路的人爭先購買。商店老闆由此受到啟發，回到店裡，讓店員在門前的看板上寫上「本店時尚襯衫，每人限購一件」，並交代店員，凡購兩件以上的，必須經理批准。第二天，過路人紛紛進店搶購，上辦公室找經理特批的大有人在，於是店裡積壓的襯衫銷售一空。

20世紀初，一些外國石油公司想在當時只點豆油燈的中國推銷他們的煤油。為了打開中國的銷路，外國商人除了大肆宣傳煤油燈的好處外，還挨家挨戶地向中國老百姓贈送帶玻璃罩的煤油燈，讓他們試點。試點的人體會到煤油的好處，便常去買煤油，洋人的洋油終於打進了中國市場。

完美成交藝術

雖然你的顧客尚未開口表決，卻已在無形中透露了內心的機密。你注意到了嗎？

◎把握成交的訊息

美國將領麥克亞瑟說：「戰爭的目的在於贏得勝利。」推銷的目的就在於贏得交易，成交是推銷人員的根本目標，如果不能達成交易，整個推銷活動就是失敗的。

所謂成交，就是推銷人員誘導顧客達成交易，使顧客購買產品的行為過程。

心理學名詞「心理上的適當瞬間」在推銷工作中的特定涵義是指顧客與推銷人員在思想上達到完全一致的時機，即在某一瞬間買賣雙方的思想是協調一致的，此時是達成交易的最好時機。

把握成交時機對於一個推銷人員來說是至關重要的。過早或過晚都會影響成交的品質或導致失敗，促成交易，首先應捕捉住成交的時機。成交時機到時，必定伴隨著許多有特徵的變化和訊息，推銷人員應富於警覺和善於感知他人態度的變化，能及時根據這些變化和訊息，來判斷「火候」和「時機」。

一般情況下，顧客的購買興趣是「逐漸高漲」的，且在購買時機成熟時，顧客心理活動趨向明朗化，並透過各種方式表露出來，也就是向推銷人員發出各種成交的訊息。

成交訊息是顧客透過語言、行為，情感表露出來的購買意圖資訊。成交訊息有些是有意表示的，有些則是無意流露的，這些都需要推銷人員及時發現。

顧客的語言、面部表情和一舉一動，都在表明他們的想法。從顧客明顯的行為上，也完全可以判斷出他們是急於購買還是抵制購買。推銷人員要及時發現、理解、利用顧客表露出來的成交訊息，這並不十分困難，其中大部分也能靠常識解決，關鍵需要推銷人員的細心觀察和體驗，同時還要積極誘導。當成交訊息發出時，及時捕捉，並迅速提出成交要求。

◎簽約之前扔掉惶惑

除非你是騙子，否則就不應該在客戶面前惶恐。

你以為藝術表演者在出場前都鎮靜自若嗎？答案是否定的。他們也會怯場，在出場前都有相同的心理恐懼：一切會正常無誤嗎？會不會漏詞，忘表情？觀眾會怎麼想，他們能喜歡嗎？

推銷人員在簽約之前或許也是同樣的心情吧，既興奮又緊張。無論你將它稱之為怯場、放不開還是害怕，反正有好多推銷人員因此很難坦然、輕鬆地面對客戶，這都是人性使然。不管你信不信，就是有很多推銷人員出人意料地會在最後簽合同的緊要關頭突然緊張害怕起來，生意就這麼被毀了。

從你打電話要求與客戶見面的那一刻開始，一直到令人滿意地簽下合同，這條路上一直是處處充滿驚險。我想，沒有人喜歡被趕走，沒有人願意遭受打擊，沒有人喜歡當「不靈光」的生意人。

我見過一些推銷人員，他們在與客戶協商的過程中，目標明確，頭腦靈活。可是，一到了關鍵時刻，馬上就要簽約了，他們總是戰戰兢兢，結果失去了獲得的工作成果和引導客戶簽約的勇氣。

你會突然產生這種令人失靈的恐懼，其實是害怕自己一不小心犯了什麼錯，客戶會反感，肥鵝就飛了，害怕丟掉渴望已久的訂單罷了。如果你在簽約的那一刻恐懼感一占上風，所有致力於目標的專注心志就潰散無蹤了，我想你的訂單就真的飛了。

在簽約的決定性時刻，在即將大展魅力的時刻，很多推銷人員卻失去了勇氣和掌握全域的能力，甚至忘記了自己是推銷人員！他們就像等待發成績單的小學生，心裡只有聽天由命似的期盼：也許我命好，不至於留級吧。

如何避免這種狀況發生呢？無疑只有完全靠內心的自我調節。你只有抱有我的產品能夠解決客戶的問題這一自始至終的想法，才能充滿自信。

你不要忘了你的作用，推銷人員其實是個幫助人的好角色——有什麼好害怕的呢？簽訂合同這個推銷努力的輝煌結果，不能被視為（推銷人員的）勝利或者（客戶的）失敗，反過來也是一樣，無所謂勝或敗，毋寧說是雙方都希望達到的一個共同目標。而推銷人員和客戶，本來就不是對立的南北兩極。

眼看就要到簽約階段時，你要平和冷靜，同時放鬆心情，注意客戶可能傳出的資訊，以便立刻正確有效地掌握時機。

你要表現出簽約好似是件理所當然的事一樣，好似訂單早已落入口袋一樣！在這一刻，你什麼都不要想，因為想什麼都沒有用，你只要注意你的客戶就可以了。

世上其他的一切完全脫離不見其他有關訂單、銷售額、約會等的念頭也一律消失無蹤——所有思想上的重擔統統都被拋開了。

客戶肯定也能感受到這種氣氛！他同樣也變得越來越輕鬆、開朗，對眼前購買決定的抗拒感越來越小。

推銷人員要密切注意一開始就定好的目標，絲毫不放鬆。因為你是合情合理地估算過自己的目標的，這個目標切實可行，並非是定得過高的空中樓閣，所以你要全力以赴，絲毫不退讓，無論如何都要達成！

懷著這樣積極自省的態度，你才能避免犯一般推銷人員臨簽約生懼的錯誤，在最後的階段緊張慌亂，使生意失之交臂。

◎避免客戶反悔

在你饑腸轆轆的時候，一隻快煮熟的鴨子卻飛了，這種粗心導致的失誤是不是很遺憾？也許我們每個人都有購物之後或者決定購物之後又突然後悔的時候。相信很多人都會重新考慮自己是否做出了衝動的、奢侈的或荒唐的購買決定。

在我們這樣一個快節奏、高消費的社會裡，人們常常需要做出匆忙的決定，而事後又懷疑自己行動太倉促。畢竟，可供挑選的高級商品太多了，雖然人們的需求也很大，但沒有多少人富得可以買下一切。正因為有了這種想法，人們才會很自然地問自己：「我到底該不該買這件產品，或者，我的錢用到別的地方更好？」

永遠也不要讓客戶感到專業推銷人員只是為了傭金而工作。不要讓客戶感到專業推銷人員一旦達到了自己的目的，就突然對客戶失去了興趣，轉頭忙其他的事去了。如果這樣，客戶就會有失落感，那麼他很可能會取消剛才的購買決定。

對有經驗的客戶來說，他會對一件產品發生興趣，但他們往往不是當時就買。專業推銷人員的任務就是要創造一種需求或渴望，讓客戶參與進來，讓他感到興奮，在客戶情緒達到最高點時，與他成交。但當客戶的情緒低落下來時，當他重新冷靜時，他往往會產生後悔之意。

無論什麼時候，當一位父親陪著兒子來買車時，我都會見機行事地說：『您一定很幸運，因為您有這樣一位了不起的父親。他一定願意讓您買下這輛車。』

「當一位顧客為他或她的配偶、母親或情人，或任何別的人買車時，我都會這樣說幾句。一旦你強調了這一點，顧客就不大可能改變主意或因後悔而違約，因為在你把顧客的形象樹立得高大無比之後，他們無論如何也會設法保住面子！」

提供最優質的服務

我們對推銷事業的抱負和理想，應該是以「真」開始，以「善」去行動，最後以「美」去做最好的完善與補充。

◎客戶在交易確認後期望什麼

當推銷人員與客戶簽下第一份訂單時，你們之間的客戶關係便開始了。這時就需要由推銷人員向客戶證明，你的承諾將會實現。推銷人員必須實現你的承諾，甚至要提供比顧客所期望的更多更高品質的服務。

一般的推銷人員認為，只要與客戶達成了交易，推銷工作便結束了，這是因為他們還沒有意識到，滿足客戶期望的重要性，他們只知道與客戶一筆一筆地洽談生意，卻不在說明客戶獲得承諾過的利益上下工夫。這種不以滿足客戶的需求為中心的商業策略是不會獲得成功的。要想成為成功的推銷人員，擁有滿意的忠實的客戶群是非常重要的。為了能夠獲得忠實的客戶群，推銷人員必須明確客戶在交易確認後期望獲得什麼，簡單地說，有售後服務、賠償損失、解決後顧之憂等。

只要銷售人員樂於幫助客戶，他就會和客戶和睦相處，就會形成非常友好的氣氛，而這種氣氛是推銷工作順利開展所必需的。

美國一位推銷大王精闢地指出：「如果你一生都為用戶提供優質服務，那麼，你的推銷工作中約80％是來自老用戶的幫助而再次成交……滿意的用戶會招徠更多的滿意的用戶，這就是滾雪球的效果——你在消費者之間建立起了堅實的內核，每年這個內核會一層層地擴大。」

各種推銷的區別並不僅僅在於產品本身，最大的成功取決於所提供的服務品質。推銷人員的薪水都來自那些滿意的客戶提供的多次重複合作和仲介介紹。事實上，如果你堅持為客戶提供優質的售後服務，從兩年以後起，你所有交易的80％都可能來自那些現有的客戶。否則，你就可能永遠也不能建立與客戶之間的牢固關係及良好信譽。那種不提供服務的推銷人員每向前走一步，可能就不得不往後退兩步。

從長遠看，那些不提供服務或服務差的推銷人員註定前景黯淡。他們必將飽受挫折與失望之苦，他們中的很多人不可避免地會為了養家糊口而從早到晚四處奔忙。就是這些推銷人員忽視了打牢基礎的重要性，他們發現自己每天都像剛出道的新手一樣疲於奔命、備受冷遇。所以，對顧客提供最好的、全力以赴的售後服務並不是可有可無的選擇；相反，這是推銷人員要生存下去的至關重要的選擇。

◎歡迎客戶的抱怨

顧客就是上帝，上帝有對你的抱怨，這也是合理的。

抱怨是每個推銷人員都會遇到的，即使你的產品好，也會受到愛挑剔客戶的抱怨。不要粗魯地對待客戶的抱怨，其實這種人正是你永久的買主。

歡迎客戶的抱怨是推銷過程中處理客戶抱怨的基本態度。

松下幸之助說：「客戶的批評意見應視為神聖的語言，任何批評意見都應樂於接受。」正確處理客戶抱怨具有吸引客戶再次上門的價值。

松下幸之助先生認為，對於客戶的抱怨不但不能厭煩，反而要當成一個好機會。他曾經告誡部屬：「客戶肯上門來投訴，其實對企業來說實在是一次難得的糾正自身失誤的好機會。有許多客戶在買了瑕疵品或碰到不良服務時，因怕麻煩或其他原因而不來投訴，但卻產生了對企業的壞印象，在他與其他消費者交談時，就有可能給企業帶來了壞名聲。因此，對有抱怨的客戶一定要以禮相待，耐心聽取對方的意見，並盡量使他們滿意而歸。即使碰到愛挑剔的客戶，也要婉轉忍讓，至少要在心理上給這樣的客戶一種如願以償的感覺。如有可能，推銷人員盡量在減少損失的前提下滿足他們提出的一些要求。假若能使雞蛋裡面挑骨頭的客戶也滿意而歸，那麼你將受益無窮，因為我相信他們中有人會給你做義務宣傳員和義務推銷人員。」

松下幸之助還結合自己的親身經歷講到這樣一件事：

有位東京大學的教授寄信給他，說該校電子研究所購買的松下公司產品出現使用故障，接到投訴信的當天，松下幸之助立即讓生產這件產品的部門最高負責人去學校瞭解情況，經過廠方耐心地講解與妥善地處理，研究人員怒氣頓消，而且對方進一步為松下公司推薦其他使用者和訂貨單位。

一般而言，客戶抱怨的最主要原因，是他們的自尊心受到了某種傷害。況且，身為客戶，往往會有種優越感，他們會覺得：

「我是客人。」

「我是來向你消費的。」

如果無視客人的優越感，甚至背道而馳，很可能就會點燃客人的滿腔怒火。

相反，如果能夠認真重視客戶的自尊心及優越感，以認同的態度說話，客人便會明顯地感到滿足，進而對你和你所代表的企業產生好感，從而成為你永久的客戶。

「對於我們沒有注意到的地方，您真是觀察入微，謝謝您的細心提醒。」

「謝謝您的指教，我們會立刻查明原因，並作為下次改進的目標。」

「我們會根據您的意見儘快改進，非常謝謝您的指教。」

客戶肯定會對這樣的回答樂不可支，因為他的自尊心及優越感都因你的這番話而得到了滿足。這就是對待客戶抱怨的肯定用語，也是重要的待客之道，這一點一定要好好運用。

把「是您自己弄錯了」這樣的否定句，轉換成「真不好意思，您可以好好閱讀一下使用說明。很抱歉，我的說明不夠清楚，但是請您依照說明書上的方式來使用」。這樣的說法既能顧及到客戶的面子，又能清楚地告訴客戶他錯誤的地方。

同樣一件事，有些說法令人生氣，有些則令人覺得高興、愉悅，其中的不同之處就在於是採用否定說法還是採用肯定說法，因此在處理客戶抱怨的時候我們不妨試著運用一些肯定說法。

推銷不是一錘子買賣，而是要和客戶建立長期關係。企業與客戶建立長期的業務關係，在企業景氣時，會把企業的成功推向高潮；在企業不景氣時，則會維持企業的生存。而要建立長期的業務關係，企業和推銷人員就要從維護客戶的利益出發，向客戶推銷服務。

一次，A先生乘新加坡航空公司的飛機從新加坡飛往臺北，機組人員的服務一如既往地令人滿意。這時，一位空姐建議他看看機上的購物目錄。如果不是她的鼓動，A先生也許什麼也不會買。他買了一條皮帶，卻發現它太長了。於是這位空姐用她自己的小剪刀替A先生將皮帶剪短。

接下來又出了問題，A先生扣不上皮帶扣，於是她又幫助A先生扣上。這並不是她的義務，但她做得非常仔細，非常熱情。更令他吃驚的是，當她發現A先生是他們公司的常客時，主動為他打了「會員」的折扣。這使他還想再買些東西，於是他又買了一瓶酒作為禮物送給在臺灣的合作夥伴。隨禮盒還附送一個計算機，可是上面有些刮痕，A先生便問空姐是否可以去供應商那兒換一個，她立刻回答說可以。幾分鐘後，她拿來了一個新的計算機，並對A先生說，要退給供應商再換一個會給A先生帶來很大的不便，於是她拿了一個新的計算機，並說道：「我們去換更容易些，雖然要填一些單了。」A先生非常滿意，心情愉快極了。A先生決定將繼續乘坐這家航空公司的飛機，並將自己的美好經歷告訴其他人。

僅僅使顧客感到高興還不夠。推銷人員和他們的團隊必須超越義務的界限，將美好的經歷帶給客戶。推銷中的新挑戰不在於你能獲得多少客戶，而在於你能保留和擴展多少客戶。當你的競爭對手失去客戶和信譽時，你就會得到更多忠誠的客戶和推薦。當這一天到來時，你的感覺如何？設想一下所有那些對他們的推銷商感到失望的客戶都轉而成了你的潛在客戶，你的小客戶和偶然客戶都成了大客戶和長期客戶，你的生意將因此而迅速擴大。你還會想在老客戶紛紛棄你而去的情況下一家家去尋找新的客戶嗎？

你肯定希望你的所有客戶都和你保持永久的業務關係，我們必須採取正確的方法從頭做起。找到合適的目標客戶，瞭解他們的具體需求，提出適當的方案，排除他們的誤解，幫助他們接受你的方案，全心全意地為他們服務，保證他們在與你的交易中獲得一次美好的經歷。這些還不夠，去想想你可以怎樣為他們提供更多、更好的服務，去發現那些能夠讓你與眾不同的地方，去爭取更多的業務、證明和推薦。這便是銷售循環。我希望你能夠在這個循環過程中積聚更大的力量，獲得更快的速度，取得更大的成功，豐富自己的人生。付出越多，回報就越多。

職場生活

01	公司就是我的家	王寶瑩	定價：240元
02	改變一生的156個小習慣	憨氏	定價：230元
03	職場新人教戰手冊	魏一龍	定價：240元
04	面試聖經	Rock Forward	定價：350元
05	世界頂級CEO的商道智慧	葉光森 劉紅強	定價：280元
06	在公司這些事，沒有人會教你	魏成晉	定價：230元
07	上學時不知，畢業後要懂	賈 宇	定價：260元
08	在公司這樣做討人喜歡	大川修一	定價：250元
09	一流人絕不做二流事	陳宏威	定價：260元
10	聰明女孩的職場聖經	李娜	定價： 220元
11	像貓一樣生活，像狗一樣工作	任悅	定價：320元
12	小業務創大財富—直銷致富	鄭鴻	定價：240元
13	跑業務的第一本Sales Key	趙建國	定價：240元
14	直銷寓言--激勵自己再次奮發的寓言故事	鄭鴻	定價：240元
15	日本經營之神松下幸之助的經營智慧	大川修一	定價：220元
16	世界推銷大師實戰實錄	大川修一	定價：240元
17	上班那檔事--職場中的讀心術	劉鵬飛	定價：280元
18	一切成功始於銷售	鄭鴻	定價：240元

身心靈成長

01	心靈導師帶來的36堂靈性覺醒課	姜波	定價：300元
02	內向革命-心靈導師A.H.阿瑪斯的心靈語錄	姜波	定價：280元
03	生死講座——與智者一起聊生死	姜波	定價：280元
04	圓滿人生不等待	姜波	定價：240元
05	看得開放得下——本煥長老最後的啓示	淨因	定價：300元
06	安頓身心--喚醒內心最美好的感覺	麥克羅	定價：280元

典藏中國：

01	三國志--限量精裝版	秦漢唐	定價：199元
02	三十六計--限量精裝版	秦漢唐	定價：199元
03	資治通鑑的故事--限量精裝版	秦漢唐	定價：249元
04-1	史記的故事	秦漢唐	定價：250元
05	大話孫子兵法--中國第一智慧書	黃樸民	定價：249元

06	速讀二十四史--上下	汪高鑫李傳印	定價：720元
08	速讀資治通鑑	汪高鑫李傳印	定價：380元
09	速讀中國古代文學名著	汪龍麟主編	定價：450元
10	速讀世界文學名著	楊坤　主編	定價：380元
11	易經的人生64個感悟	魯衛賓	定價：280元
12	心經心得	曾琦雲	定價：280元
13	淺讀《金剛經》	夏春芬	定價：210元
14	讀《三國演義》悟人生大智慧	王　峰	定價：240元
15	生命的箴言《菜根譚》	秦漢唐	定價：168元
16	讀孔孟老莊悟人生智慧	張永生	定價：220元
17	厚黑學全集【壹】絕處逢生	李宗吾	定價：300元
18	厚黑學全集【貳】舌燦蓮花	李宗吾	定價：300元
19	論語的人生64個感悟	馮麗莎	定價：280元
20	老子的人生64個感悟	馮麗莎	定價：280元
21	讀墨學法家悟人生智慧	張永生	定價：220元
22	左傳的故事	秦漢唐	定價：240元
23	歷代經典絕句三百首	張曉清 張笑吟	定價：260元
24	商用生活版《現代36計》	耿文國	定價：240元
25	禪話•禪音•禪心禪宗經典智慧故事全集	李偉楠	定價：280元
26	老子看破沒有說破的智慧	麥迪	定價：320元
27	莊子看破沒有說破的智慧	吳金衛	定價：320元
28	菜根譚看破沒有說破的智慧	吳金衛	定價：320元
29	孫子看破沒有說破的智慧	吳金衛	定價：320元
30	小沙彌說解《心經》	禾慧居士	定價：250元
31	每天讀點《道德經》	王福振	定價：320元
32	推背圖和燒餅歌裡的歷史	邢群麟	定價：360元
33	易經：現代生活的智慧	孫三寶	定價：280元
34	《傳習錄》白話本	姜波	定價：330元
35	《史記》故事導讀	姜波	定價：340元
36	《資治通鑑》故事導讀	姜波	定價：300元
37	厚黑學全集【參】厚黑心術	李宗吾	定價：300元
38	《碧巖錄》中的100大智慧	于水音	定價：280元
39	入骨相思知不知—醉倒在中國古代情詩裡	維小詞	定價：300元

人物中國：

01	解密商豪胡雪巖《五字商訓》	侯書森	定價：220元
02	睜眼看曹操-雙面曹操的陰陽謀略	長　浩	定價：220元
03	第一大貪官-和珅傳奇（精裝）	王輝盛珂	定價：249元
04	撼動歷史的女中豪傑	秦漢唐	定價：220元
05	睜眼看慈禧	李　傲	定價：240元
06	睜眼看雍正	李　傲	定價：240元
07	睜眼看秦皇	李　傲	定價：240元
08	風流倜儻-蘇東坡	門冀華	定價：200元
09	機智詼諧大學士-紀曉嵐	郭力行	定價：200元
10	貞觀之治-唐太宗之王者之道	黃錦波	定價：220元
11	傾聽大師李叔同	梁　靜	定價：240元
12	品中國古代帥哥	頤　程	定價：240元
13	禪讓--中國歷史上的一種權力遊戲	張　程	定價：240元
14	商賈豪俠胡雪巖(精裝)	秦漢唐	定價：169元
15	歷代后妃宮闈傳奇	秦漢唐	定價：260元
16	歷代后妃權力之爭	秦漢唐	定價：220元
17	大明叛降吳三桂	鳳　娟	定價：220元
18	鐵膽英雄一趙子龍	戴宗立	定價：260元
19	一代天驕成吉思汗	郝鳳娟	定價：230元
20	弘一大師李叔同的後半生-精裝	王湜華	定價：450元
21	末代皇帝溥儀與我	李淑賢口述	定價：280元
22	品關羽	東方誠明	定價：260元
23	明朝一哥　王陽明	呂　崢	定價：280元
24	季羨林的世紀人生	李　琴	定價：260元
25	民國十大奇女子的美麗與哀愁	蕭素均	定價：260元
26	這個宰相不簡單--張居正	逸　鳴	定價：260元
27	六世達賴喇嘛倉央嘉措的情與詩	任倬灝	定價：260元
28	曾國藩經世101智慧	吳金衛	定價：280元
29	魏晉原來是這麼瘋狂	姚勝祥	定價：280元
30	王陽明悟人生大智慧	秦漢唐	定價：280元
31	不同於戲裡說的雍正皇帝	秦漢唐	定價：240元
32	不同於戲裡說的慈禧太后	秦漢唐	定價：240元
33	不同於戲裡說的一代女皇武則天	秦漢唐	定價：240元
34	後宮女人心計	秦漢唐	定價：220元
35	心學大師王陽明	秦漢唐	定價：200元

國家圖書館出版品預行編目資料

一切成功始於銷售 / 劉鴻 著

一 版.-- 臺北市 :廣達文化, 2013.06

; 公分. -- (文經閣)(職場生活：18)

ISBN 978-957-713-524-7 (平裝)

1.銷售

496.5 102006612

一切成功始於銷售

榮譽出版：文經閣

叢書別：職場生活 18

作者：鄭鴻 著
出版者：廣達文化事業有限公司
Quanta Association Cultural Enterprises Co. Ltd
發行所：臺北市信義區中坡南路路 287 號 4 樓
電話：27283588　傳真：27264126　E-mail：*siraviko@seed.net.tw*
劃撥帳戶：廣達文化事業有限公司　帳號：19805170

印　刷：卡樂印刷排版公司　裝　訂：秉成裝訂有限公司

代理行銷：創智文化有限公司
23674 新北市土城區忠承路 89 號 6 樓　電話：02-2268-3489　傳真：02-2269-6560

CVS 代理：美璟文化有限公司
電話：02-27239968　傳真：27239668

一版一刷：2013 年 6 月

定　價：240 元

書山有路勤為徑

學海無崖苦作舟

文經閣

書山有路勤為徑

學海無崖苦作舟

文經閣